Otto Betz

Das Geheimnis der Zahlen

Otto Betz

Das Geheimnis der Zahlen

Symbolik, Mythologie, Deutung

Anaconda

Lizenzausgabe mit freundlicher Genehmigung
© Kreuz Verlag in der Verlag Herder GmbH, Freiburg 1989

Verlagsgruppe Random House FSC® N001967

Die Deutsche Nationalbibliothek verzeichnet diese Publikation in der
Deutschen Nationalbibliographie; detaillierte bibliographische Daten
sind im Internet unter http://dnb.d-nb.de abrufbar.

© dieser Ausgabe 2018, 2020 Anaconda Verlag, einem Unternehmen
der Verlagsgruppe Random House GmbH, Neumarkter Straße 28, 81673 München
Alle Rechte vorbehalten.
Umschlagmotive: »The Proportions of Man and their Occult Numbers«
from »De Occulta Philosophia« Libri III, by Henricus Cornelius Agrippa (1533),
illustrated in a history of magic, published late 19th century (litho),
Flemish School, (16th century)/Private Collection/The Stapleton Collection/
Bridgeman Images (Hintergrund unten links);
shutterstock.com/Anna Zasimova (Zahlen)
Umschlaggestaltung: www.katjaholst.de
Satz und Layout: Achim Münster, Overath
Druck und Bindung: CPI Books GmbH, Leck
Printed in Czech Republic
ISBN 978-3-7306-0760-2
www.anacondaverlag.de

Inhalt

Vom Geheimnis der Zahlen

Wer dem Wort »Zahl« und seinem Wortfeld nachgeht, kann mit einigem Staunen feststellen, dass diesem nüchternen Begriff eine Vielfalt von verschiedenen Bedeutungen zugrunde liegt. Talo (oder Tala) heißt der Einschnitt, es ist wohl an Kerben zu denken, die einem Stab eingeschnitten werden, damit man sich eine Anzahl von Dingen oder Tagen merken kann. Irgendwann in der Frühzeit der menschlichen Geistesgeschichte hatten Menschen das Bedürfnis, sich eine Anzahl von Geschehnissen oder Zeiteinheiten oder Wandlungsgeschehnissen zu merken, sie erfanden ein erstes System des Zählens.

Merkwürdigerweise hängt aber die Zahl auch mit der Erzählung zusammen, mit dem Bericht, der Rede. Wer also einem anderen etwas mitteilen will, der muss seine Meinung so äußern, dass sich ein sinnvolles Ganzes ergibt, die Berichterstattung ist in gewisser Weise eine Aufzählung, das Aneinanderreihen von Rede-Elementen, sodass sich – wie bei den Gliedern einer Kette – ein Zusammenhang ergibt. Wer seine Erfahrungen »zählt«, der hat etwas zum Erzählen.

I

Für den Menschen der Antike waren die Zahlen nicht abstrakte Gebilde, die eine bloße Dienstfunktion zum Berechnen besitzen, aber sonst kein Eigenleben haben, sie waren gewissermaßen Persönlichkeiten mit unverwechselbaren Eigenschaften. Neben ihrem puren Zahlenwert hatten und haben sie bis heute einen Gefühlswert, ja manche entwickeln ihr Eigenleben, entfalten eine Aura mit einer seltsamen Ausstrahlung. So wie es in der Natur, den kristallinen Formen, den Spannungsfeldern eines Magnets, den Blatt- und

Blütenformen in der Flora bestimmte Strukturen gibt, die sich immer wiederholen, weil sie zutiefst zweckmäßig und gleichzeitig schön sind – man denke an die Bienenwaben –, so scheint es auch im menschlichen Leben Zahlenverhältnisse zu geben, die ihm entsprechen, die organisch und harmonisch sind, und andere, die es stören und verunsichern.

Die Zahlen helfen uns, die Wirklichkeit unserer Welt besser zu begreifen, sie drücken mit ihrer Aussagekraft bestimmte Verhältnisse der Schöpfung aus, sie »ordnen« gleichsam die Vielfalt der Dinge. Jetzt werden Proportionen erkennbar, alles steht in einem Zueinander zu anderen Dingen. Die Zahlen quantifizieren nicht nur, geben nicht nur anonyme Mengen an, sie qualifizieren auch, sie bewerten also, setzen Maßstäbe. Solange nur von »vielen« Sachen, Dingen, Personen gesprochen wird, bleibt alles zufällig, das Beliebige herrscht noch vor, das Ungefähre; was aber zählt und geordnet wird, das kann genau bestimmt werden, es ist gegen anderes abgegrenzt und bekommt dadurch eine schärfere Kontur.

Was wir als schön empfinden, ist wesentlich von den Maßen bestimmt, die wir als proportional angemessen anerkennen. Auch das Spiel braucht seine Regeln. Bei Plato heißt es: »Der Mensch ist dazu gemacht, ein Spielzeug Gottes zu sein, und das ist wirklich das Beste an ihm.« Auch das Spiel unseres Lebens geht nach Regeln vor sich, wir dürfen Rhythmen entdecken und Perioden, die sich wiederholen und uns mit unserem Lebensspiel vertraut machen. Und dass dieses Lebensspiel auch schön ist, von einer geheimnisvollen Ordnung durchzogen, dürfen wir manchmal erkennen.

II

Auf vielen Ebenen lässt sich mit Zahlen operieren. Da gibt es die von der Praxis bestimmte Notwendigkeit, die Tiere einer Herde zu zählen, die Ergebnisse einer Ernte zu schätzen, die Bewohner einer

Stadt zu »erfassen«. Es müssen Grundstücke berechnet und Abgaben bestimmt werden, Früchte werden gewogen, Mengen bestimmt. Vor allem aber begann man die Tage zu zählen, um herauszufinden, wann sich der Mond wieder in seiner runden Vollgestalt zeigt, wann die Tage kürzer und länger werden.

Es ist schwer zu sagen, ob das Hantieren mit Zahlen zunächst eine Notwendigkeit der Alltagspraxis war, oder ob die Priester und Kultdiener als erste die Zahlen erfunden haben, um die rechte Zeit für ihre Opferfeiern und Festriten ablesen zu können. Auf jeden Fall diente die Mathematik für beides: Das religiöse Leben wie die Alltagswelt wurden von den Zahlen, mochten sie nun heilig sein oder profan, bestimmt. Die zum Verkauf bestimmten Waren wurden gezählt, gemessen und gewogen, und die Pyramiden mussten in ihrem Volumen berechnet werden, die Wohnhäuser, Straßen und Plätze mussten rechnerisch bestimmt werden, aber auch die Tempel, Festorte und Prozessionsstraßen.

In vielen Kulturen wurde die Berechnung des Kalenders als ungemein wichtige Aufgabe empfunden. Die Ägypter mussten herausfinden, wann der Nil über die Ufer tritt, weil man den fruchtbaren Schlamm brauchte, ohne den die Bevölkerung keine neue Ernte erwarten konnte. Und die Sumerer und Babylonier beobachteten sorgsam den Sternenlauf, weil sie die göttliche Ordnung daran ablesen wollten.

III

Folgenreich war nun aber, welches System gewählt wurde, um die Zahlen zu gliedern und sie für die Rechenunternehmungen handhabbar zu machen. Spuren eines Siebenerrhythmus lassen sich finden, aber auch die Acht und die Neun dienten als Grundzahl. In Indien setzte sich früh das Dezimalsystem durch, ebenso in China. Die Sumerer entwickelten das Sexagesimalsystem, die hellenistischen Astronomen übernahmen es von den Babyloniern, es wirkt bis in die Gegenwart, denn bis heute wird der Vollkreis als Einheit von 360 Grad gemessen, die Stunde hat bis zur Gegenwart 60 Minuten, die Minute 60 Sekunden.

Gerechnet wurde in China mit Rechenstäbchen und auf dem Rechenbrett. Der Abakus war in der antiken Welt ein weitverbreitetes Rechenhilfsmittel, er diente zur Veranschaulichung von Größen und Mengen. Rechensteine wurden verschoben, in Spalten und Zeilen verlegt, so konnten die wichtigsten Rechenarten durchgeführt werden. In Indien war die Arithmetik hoch entwickelt, auch die Null wird dort bald für Rechenprozesse eingeführt, die Araber übernehmen sie und reichen sie dem europäischen Westen weiter.

Uns soll in diesem Buch nicht der praxisbestimmte Zahlenwert beschäftigen, sondern die symbolische Bedeutung der Zahlen, die geheimnisbeladene Mystik der Zahl. Denn merkwürdigerweise haben diese schlichten Gebilde einen doppelten Boden, ihnen wird eine zusätzliche Bedeutung beigemessen. Nicht jede Zahl hat die gleiche Kraft, manche scheinen die Fähigkeit zur Ordnung zu haben, sie stellen Zusammenhänge her, bieten sich als Schlüssel an. Zahlen werden Brennpunkte mit Anziehungskraft, ordnen andere Zahlen um sich, differenzieren sich aber auch. Es scheint von bestimmten Zahlen ein geradezu magischer Bann auszugehen, die rhythmischen Strukturen der Zahlen spiegeln Lebensprozesse wider und machen die Relationen verstehbar.

IV

In der griechischen Antike waren es Pythagoras und seine Schüler, die ein ganzes Deutungssystem der Welt auf Zahlen aufbauten. »Welches Ding ist am weisesten?«, fragten die Pythagoreer, und sie antworteten: »Die Zahl.« »Und welches Ding ist am schönsten?«

»Die Harmonie.« Nach ihrer Auffassung ist die Zahl das Wesen und der Kern der verschiedenen Dinge. Wenn sie die Gestirne beobachteten, dann deshalb, weil sich in ihnen eine kosmische Harmonie ausdrückt. »Alles, was man erkennen kann, lässt sich auf eine Zahl zurückführen«, dieser Satz gehörte zu ihren Grundaxiomen. Die Welt steht in einer fruchtbaren Spannung, die als Harmonie verstanden werden kann: Alles steht miteinander in Beziehung, ist durch Proportionen geordnet und sinnvoll gefügt. Diese harmonikale Ordnung erkannten die Pythagoreer nun in der Musik wieder. Auf mathematisch exakte Weise konnten die Schwingungen der Töne beobachtet werden, sodass die Musik sich als reinigende und heilende Kraft auswirken kann und Teil der kultischen Handlung wurde. Die Formkraft der kosmischen Harmonie kommt in den Tönen der diatonischen Tonleiter zum Hören, sie kann aber auch als mathematische Struktur rechnerisch ermittelt werden, befriedigt also das rationale Verlangen nach exakter Messung und das emotionale Verlangen nach unmittelbar seelischer Wahrnehmung.

Jede Zahlensymbolik umkreist zunächst einmal die Eins, sie ist die unvergleichliche Zahl, die jedem Zählen vorausgeht. Sie ist Wurzelgrund und Ausgangspunkt von allem Sein. Erst wenn sich die Eins spaltet und entfaltet, wenn sie sich differenziert, können die Dinge – und damit auch die Vielfalt der Zahlen – Gestalt bekommen. Alles bleibt aber in einem Rückbezug zu dieser Eins, möchte von der ungeteilten Eins umfangen und gehalten werden – so wie sich auch der Mensch als komplizierte Vielfalt erlebt, dessen Teilaspekte auseinanderzufallen drohen, wenn sie nicht zu einer Ganzheit integriert werden können. Hat aber erst einmal alles seinen Platz gefunden und kann seine Funktion erfüllen, dann ist es gut, dass es die Fülle der Erscheinungen gibt.

V

Wer die Dinge dieser Welt betrachtet, ihre Form und ihre Farbe, der muss über den Reichtum der Erscheinungen staunen. Da gibt es zwar Ähnlichkeiten und strukturelle Verwandtschaft, aber die Natur ist unerschöpflich in ihrer Gestaltungsfülle. Und doch sind die Formen begrenzt, ist das Farbenspektrum überschaubar. Ähnlich ist es mit den Zahlen, die sich auch deutlich in ihrem »Charakter« unterscheiden. Jede Zahl ist ein elementarer Baustein, mit dem das Weltgefüge errichtet wird; keine Zahl ist mit einer anderen verwechselbar, jede hat ihre eigene Qualität und ihren Klang. Aber aus den wenigen Zahlen der Zahlenreihe lässt sich auch das komplizierteste Rechengebilde errichten.

Zu unserer spannungsgeladenen Wirklichkeit gehört es, dass die Dinge sich als Polaritäten zeigen. Damit aber die Wesenheiten durch diese Spannung nicht entzwei gerissen werden, ist es nötig, dass sich ein Drittes dazugesellt, damit eine Versöhnung geschieht. Diesen Gedanken hat schon Plato in seinem Timaios (31B–32A) ausgesprochen: »Gott bildete, als er anfing, den Weltkörper zusammenzufügen, ihn aus Feuer und Erde. Zwei Dinge aber lassen sich für sich allein nicht haltbar zusammenfügen; es gehört notwendig dazu ein drittes, ein vermittelndes Band nämlich, welches die Vereinigung beider erst zustande bringen kann.« So lassen sich also Verhältnisse und Gestalten über die Beziehung der Zahlen darstellen. Die Zahl wird zum Schlüssel der Wirklichkeit, der innere Zusammenhalt der Dinge, ihre Eigenart, wird durch diesen Schlüssel verstehbar und nachvollziehbar.

Auch wenn die verschiedenen Kulturen eigene Zahlensysteme entwickelt haben, ist es doch verblüffend, wie viele Gemeinsamkeiten in der Grundauffassung festzustellen sind. Das chinesische Denken ist ganz von der Einheitsvorstellung des Universums bestimmt, aber die beiden grundlegenden Prinzipien sind Yin und

Yang, die polar einander gegenüberstehenden Kräfte. Sie dürfen aber nicht als kontradiktorische Mächte verstanden werden, die sich widersprechen und gegenseitig ausschließen, sondern als zusammengehörig und sich gegenseitig das Maß setzend. Ist Yin das Weibliche, das Dunkle, Kalte, Feuchte, Schattige, auch das Innere, so ist Yang das Männliche, das Helle, das Warme, Trockene, Sonnige und das Äußere. In einem ununterbrochenen Wechselspiel regeln sie das Werden und Vergehen aller Dinge.

Auch im chinesischen Denken steht die Eins für das All-Eine, sie vereinigt Yin und Yang und stellt das ungeteilte Ganze dar. Die Yang-Reihe der Zahlen reiht die ungeraden (»männlichen«) Zahlen aneinander: 3 – 5 – 7 – 9, die Yin- Reihe besteht aus den geraden (»weiblichen«) Zahlen: 2 – 4 – 6 – 8. Beide Zahlenreihen muss es geben, weil sich alles wandelt und verändert; Chancen wechseln mit Gefahren, das Himmlische ist neben dem Irdischen, das Heilsame neben dem Unheilvollen. Die Gegensätze halten sich in Spannung und ergänzen sich.

Wie eine Entfaltung der altchinesischen Weisheit liest sich ein Text von Jakob Böhme, aus der westlichen Kultur erwachsen, wenn auch in seltsamer Nähe zum östlichen Denken:

»Gleichwie der Tag in der Nacht und die Nacht in dem Tage zwei Kontra sind und doch ungeschieden, nur mit Willen und Begierde sind sie geschieden. Denn sie haben zweierlei Feuer in sich: der Tag das hitzige, aufschließende und die Nacht das kalte, einschlafende – und ist doch zusammen nur ein Feuer und wäre keins ohne das andere offenbar und wirkend. Denn die Kälte ist die Wurzel der Hitze, oder die Hitze ist die Ursache, dass die Kälte empfindbar sei. Außer diesen beiden, welche doch in stetem Streit stehen, wären alle Dinge ein Nichts, und ständen stille ohne Bewegung.«

In der abendländischen Welt hat sich das ganze Mittelalter hindurch das antike Erbe, von den Babyloniern angefangen über Pythagoras bis zu Plato und Plotin, stark ausgewirkt. Dankbar griff man aber auch die Hinweise der Bibel auf, las man doch in der Bibel: »Du hast alles geordnet nach Maß, Zahl und Gewicht« (Weisheit 11,21). Wenn aber Gott in seine Schöpfung so viel Zahlenweisheit und kosmische Ordnung eingefügt hat, dann muss man es auch ablesen können. So erscheint es nur logisch, dass Rabanus Maurus seinen Schülern empfahl, Arithmetik zu studieren, um die Voraussetzung zu haben, die mystischen Zahlen der Bibel zu verstehen. Isidor von Sevilla, der um das Jahr 600 lebte, war der Auffassung, dass die Zahl das innere Gerüst der Dinge ist: »Tolle numerum omnibus rebus et omnia pereunt« (Nimm allen Dingen die Zahl und alles geht zugrunde, alles zerfällt).

Der große Cusaner, der die Tür zu einer neuen Zeit öffnete, war in der Auffassung der Zahlenbedeutung ganz erfüllt von einem geradezu archetypischen Verständnis der Zahlen; Cusanus sagt nämlich: »Ohne die Zahl vermag der Geist nichts zu leisten ... Da die Zahl also die Art und Weise des Erkennens ist, kann ohne sie nichts erkannt werden; denn da die Zahl unseres Geistes ein Abbild der göttlichen Zahl ist, welche das Urbild der Dinge ist, ist sie Urbild der Begriffe.«

Während im alten Babylon die Götter noch unmittelbar Zahlen zugeordnet bekamen – je nach Größe und Bedeutung der Götter wurden auch die wichtigsten Zahlen verteilt –, sind im christlichen Denken die Zahlen zwar noch Ausdruck göttlicher Weisheit und Schöpferkraft, gehören aber doch zur geschöpflichen Seite. Immerhin werden sie als vermittelnde Größen zwischen dem göttlichen Geheimnis und der irdischen Welt verstanden. Gottes Weisheit ist durch die der Welt eingesenkten Zahlen gegenwärtig, so verstand es Augustin, der menschliche Geist ist so veranlagt, dass er diese verborgenen Strukturen erkennen kann.

VI

Nicht alle Zahlen hatten die gleiche Wertschätzung, manche wurden immer bevorzugt und als die entscheidenden Ordnungsfaktoren angesehen, andere blieben als weniger bedeutsam auf der Seite liegen. Die Zahl Zehn war in den Kulturen mit einem Dezimalsystem natürlich besonders wichtig. Wenn mit den zehn Zahlzeichen alles ausgedrückt werden kann, dann müssen diese zehn Ziffern ja das Gesamt der Möglichkeiten enthalten, sie deuten die Vollendung an, wobei aber die Eins als integrierende Grundzahl immer mitgedacht werden muss. Bei Ovid findet sich ein Gedicht, das die Bedeutung der Zehn verstehbar machen will:

> Zehnmal kreiste der Mond und erfüllte das römische Jahr.
> Darum ward diese Zahl hoch in Ehren gehalten,
> Vielleicht auch wegen der Anzahl der Finger, an denen wir zählen,
> Oder auch, weil das Weib in zweimal fünf Monden gebiert.
> Oder weil bis zur Zehn die Einer wachsend hinschreiten,
> Um dann wieder von vorn aufzunehmen den Gang.

Die Drei war schon den Menschen der Antike bedeutsam, die Triaden tauchen in verschiedensten Zusammenhängen auf. Den Christen wurde die Drei wegen der Trinitätslehre besonders heilig, Gott offenbart sich als Dreifältiger, sodass sich der Mensch ebenfalls als dreigestuft und triadisch strukturiert verstehen lernte.

Die Quaternität war schon den Pythagoreern als wichtiges Zahlelement aufgefallen. Dass die ersten vier Zahlen, wenn man sie summiert, zehn ergeben, war ihnen so wichtig, dass sie es als göttliche Offenbarung empfanden (die sogenannte Tetraktys). Im Mittelalter versuchten die Theologen, die Materie als einen zusätzlichen Aspekt Gottes der Trinität zuzuordnen. Bei Rodolfus Glaber, einem kluniazensischen Mönch des 11. Jahrhunderts, findet sich eine Verherrlichung der Vierzahl, dort heißt es: »Durch die Vier ist unsere gegenwärtige untere Welt und die kommende obere uns zu verstehen gegeben.« Für C. G. Jung war das Geheimnis der Quaternität eine zentrale Thematik, die ihn jahrzehntelang beschäftigte, er verstand die Vier vor allem als symbolischen Ausdruck des Selbst. Um die Ganzheit zu erlangen, muss der Mensch den vierten Teil seiner Persönlichkeit, der den Schatten bildet und nicht bewusst ist, befreien und in eine Verbindung zu den drei anderen Funktionen seiner Existenz bringen.

VII

Zahlen dienten aber nicht nur dazu, die komplizierte Wirklichkeit der Welt besser zu begreifen und ihre Geheimnisse zu deuten, sondern wurden auch herangezogen, die Zukunft zu erforschen und das Kommende vorherzusagen. Vor allem das Buch Daniel in der Hebräischen Bibel und die Johannesapokalypse, das letzte Buch des Neuen Testaments, waren die Lieblingsbücher solcher Forscher, die aus dem dunklen Zahlenspiel der Bibel eindeutige Aussagen ablesen wollten, um die künftige Geschichte zu beschreiben, vor allem die Parusie, die Wiederkunft Christi und das Anbrechen des Reiches Gottes. Chiliastische Strömungen, die ein tausendjähriges Reich Christi in naher Zukunft erwarteten, gab es im Laufe der Kirchengeschichte immer wieder. Obwohl die Kirche und ihre Leitung vor solchen Spekulationen warnte, ließen sich die Seher, Träumer und Fantasten nicht davon abhalten, immer wieder neue Berechnungen anzustellen.

Hatte die jüdische Kabbala eine esoterische Zahlenlehre entwickelt, die vor allem an den Anfängen interessiert war, am Geheimnis der Schöpfung, so war die prophetisch-seherische Betrachtungsweise des kalabrischen Abtes Joachim von Fiore schon auf das erhoffte Reich des Heiligen Geistes gerichtet. Im schwäbischen Pietismus des 17. und 18. Jahrhunderts kam geradezu ein Fieber auf, endlich die rechte Lesart der apokalyptischen Zahlen herauszufinden und den Schlüssel für die heraufkommenden Ereignisse zu entdecken. Man erwartete die »große Mutation der ganzen Welt«. Zahlenspekulationen bekamen den Namen »Naometria« – »Tempelmesskunst«. Besonnenere Geister warnten, meistens umsonst.

Ein schönes Beispiel für die Würdigung der »Zahlenkunst«, ohne einer spekulierenden Deutung zu verfallen, liefert Johann Valentin Andreae (geboren 1586) in seinem Werk »Christianopolis«. Es macht deutlich, wie ungebrochen das Verständnis der geheimen Zahlen in dieser Zeit noch war:

»Diejenigen aber, die älter an Jahren sind, gelangen noch höher hinauf, da auch Gott seine Zahlen und Maße hat, die zu betrachten dem Menschen ziemt. Denn jener höchste Baumeister hat keineswegs dieses Weltgebäude aufs Geratewohl geschaffen, sondern es mit Maßen, Zahlen und Verhältnissen sehr weise angereichert und die durch wunderbare Harmonie eingeteilte Zeit hinzugefügt. Vor allem in seinen Werkstätten und typischen Gebäuden hat er für uns seine Geheimnisse niedergelegt, dass wir mit dem Davidischen Schlüssel Länge, Breite und Tiefe der Gottheit aufschließen und den Messias als über alles Ausgebreiteten erkennen, dass wir entdecken, wie er in unaussprechlicher Harmonie alles zusammenhält, alles machtvoll und weise bewegt, und uns in der Anbetung des Namens Jesu erfreut. Dies alles aber wird durch keine Kunst begriffen, sondern beruht auf Offenbarung und wird unter den Gläubigen wechselseitig einander mitgeteilt. Daher betreten diejenigen Labyrinthe, welche von der menschlichen Philosophie Messruten und Zirkel borgen, um das neue Jerusalem auszumessen, seinen Kalender und die heilige Zeitrechnung zu bestimmen oder es gegen die Feinde zu befestigen. Es sollte uns genügen, dass Christus uns alles dargelegt hat, was das Leben besser und erträglicher machen kann. Das helle Licht können wir nicht alle betreten, so nicht Christi Licht uns vorangeht und zu den verschlosseneren Geheimnissen ruft. Das Vertrauen darauf hat einige hervorragende Männer wider Erwarten umso mehr betroffen, weil sie sich selbst nicht ohne Inspiration zu reden dünkten. In dieser Kabbala heißt es vorsichtig sein und mit Mutmaßungen sich zurückzuhalten; denn die Gegenwart macht uns Mühe, die Vergangenheit ist uns dunkel, die Zukunft aber hat Gott sich allein Vorbehalten, um sie nur ganz wenigen, dazu in größten Zeitabständen, mitzuteilen. Wir wollen aber Gottes offene Geheimnisse lieben und nicht mit dem Pöbel fortwerfen, was über uns ist, noch Göttliches dem Menschlichen gleich achten. Denn Gott ist gut in allen Dingen, wunderbar aber in seinen eigenen.«

VIII

Nun ist in der Neuzeit eine solche Weltbetrachtung nicht mehr verbreitet, mit dem Beginn der Moderne hat die Zahl einen anderen Charakter bekommen: Sie steht für die Berechenbarkeit der Welt, für die rationale Bewältigung der Daseinsprobleme. Schon Descartes hatte sich zur Devise genommen: »Alles geschieht bei mir auf mathematischem Wege.« Und Hobbes setzte das Denken mit dem nüchternen Umgang mit Zahlen in eins: »Unter Denken verstehe ich Rechnen.«

Aber die Gleichsetzung der existentiellen Urfragen mit mathematischen Problemen ist heute zunehmend nicht mehr nachvollziehbar, da sind wir tatsächlich an das »Ende der Neuzeit« geraten, wie es Romano Guardini formuliert hat. Wenn das Interesse an der Symbolik der Zahlen wiedererwacht ist, heißt das freilich nicht, wir könnten die alten Traditionslinien unbesehen fortführen. Zunächst aber müssen wir die Überlieferungen zur Kenntnis nehmen, weil sie ja auch in die Sprache eingegangen sind, die Kunst und

Dichtung bestimmt haben und auch unser Unbewusstes wesentlich prägen.

Erstaunlicherweise werden die Erkenntnisse der Pythagoreer heute wieder ernst genommen, vor allem in der Musik, aber selbst in der Architektur. Wenn es in den pythagoreischen Überlieferungen heißt: »Die Natur der Zahl lässt keinen Trug zu, auch die Harmonie nicht, es ist ihnen kein Trug eigen. Die Wahrheit ist heimisch im Geschlecht der Zahl und ihm angeboren«, dann ist damit nicht einem Kult der technischen Machbarkeit gehuldigt, sondern der Blick wird gerade auf die verborgenen Strukturen der Schöpfung gelenkt, die es zu erkennen gilt, um nicht der menschlichen Eigenmächtigkeit zu verfallen. Es käme darauf an, ein Zahlenverständnis zu gewinnen, das diesen transparenten Charakter bekommt und die Zahl zu einem verbindenden Medium des Irdischen mit dem Überirdischen macht. Gott darf zwar nicht zum »himmlischen Uhrmacher« werden, die Welt nicht zur »göttlichen Maschine«, wie es die Aufklärer versucht haben, und doch sind die Zahlen mehr als nur mathematische Hilfsmittel für Rechenoperationen. Leibniz hat gesagt: »Meine Metaphysik ist ganz mathematisch.«

Das klingt so, als seien Philosophie und Theologie von der Mathematik abgelöst worden, aber er wollte ja gerade eine Betrachtung gewinnen, die Physik und Metaphysik in einen inneren Zusammenhang brachte. Auf ähnliche Weise heißt es auch bei Novalis: »Alle Wissenschaften sollen Mathematik werden«, damit nämlich der innere Zusammenhang der einen und ganzen Welt herauskommen und die Spaltung der Wissenschaften und ihrer Methoden überwunden werden kann.

Erstaunlicherweise ist in der modernen Naturwissenschaft das Interesse an den zahlensymbolischen Traditionen wieder erwacht, zumal die Informatik mit ihrer Computer-Technik auf uralten binären Systemvorstellungen basiert; die Biophysik und Genetik mit ihren Versuchen, die Entstehung des Lebens und die Geheimnisse des genetischen Codes zu lösen, greifen auf die altchinesischen Weisheitslehren zurück und entwickeln sie weiter. Dass die Tiefenpsychologie wesentlich dazu beigetragen hat, seelische Grundmuster und Verhaltensformen wiederzuentdecken, braucht nicht eigens betont zu werden. In unserer Seele scheinen die symbolischen Zahlen immer einen Platz behalten zu haben.

IX

Es gibt viele Felder, auf denen mit Zahlen operiert wird. Wenn hier noch auf die Astrologie eingegangen wird, dann deshalb, weil wir es bei der »Sterndeutung« mit der ältesten Lehre vom Menschen und seinem Schicksal zu tun haben. Seit Jahrtausenden beschäftigt die Menschen die Frage, welchen Einfluss die Gestirne oder andere Faktoren auf das Schicksal des Menschen haben, sie haben sich immer wieder gefragt, ob der Sternenstand und die Konstellation der Planeten in der Geburtsstunde (und zu anderen wichtigen Ereignissen im Leben) das weitere Geschick bestimmen oder nicht. Die alten mesopotamischen Kulturen, aber auch das alte Ägypten und China haben Systeme entwickelt, um diese Einflüsse und Bedingungsfaktoren nachzuweisen und die Auswirkungen zu berechnen. Bis heute lässt sich nicht eindeutig nachweisen, ob die Planeten nun wirklich bestimmte Qualitäten haben und Wirkungen erzielen, oder ob es Symbole sind für die Auswirkung anderer Faktoren innerhalb unserer Welt. Auf jeden Fall ist mit der Astrologie ein System entwickelt worden, mit dem bestimmte »Neigungen« und Charakterisierungen der Menschen beobachtet und beschrieben werden können, sodass man zwar nicht das ganze Schicksal eines Menschen vorhersagen kann, aber typische Eigenschaften, Begabungen, Schwierigkeiten usw. erkennbar werden. Deshalb arbeiten auch Ärzte, Psychologen und Berufsberater mit Astrologen zusammen, um Rat geben zu können und Ansatzpunkte für die Heilung von Krankheiten und Überwindung von Krisen zu finden.

Die Schlüsselzahl der Astrologie ist die Zwölf, denn »zwölffach ist der Sonnen weg, zwölffach das Jahr geteilt« (Alfons Rosenberg). Die Ekliptik, der Großkreis auf der Himmelskugel mit der Ebene der Erdbahn, wird in zwölf Segmente eingeteilt, jedes »Tierkreiszeichen« umfasst einen Raum von 30 Grad. Diese »Himmelsbezirke« tragen die Namen von Sternbildern, unabhängig davon, ob die Sterngruppen selbst eine entscheidende Wirkung haben oder nicht.

Neben den Tierkreiszeichen, die das Jahr in zwölf Zeitsegmente einteilen, sodass jeder Mensch unter einem bestimmten Zeichen geboren wird, spielen die zwölf »Häuser« oder »Felder« eine wichtige Rolle. »Die Felder symbolisieren den Erdraum, die irdische Realität in der sich die Ideen der Tierkreiszeichen und die Gestaltkräfte der Planeten manifestieren; sie bezeichnen bestimmte Lebensgebiete, auf denen wir jene verwirklichen wollen«, sagt Fritz Riemann. Man kann die zwölf Häuser als die Symbole der Lebensbereiche verstehen, die für unser Dasein wichtig sind. Jeder hat seine spezifischen Begabungen und Neigungen, jeder entwickelt Interessen, jeder wird auch vor Aufgaben gestellt und muss sich in Krisenzeiten bewähren und hat die Möglichkeit zu reifen. Wenn nun – im individuellen Horoskop eines Menschen – bestimmte Planeten in einem der Häuser dominieren, so wird angenommen, dass diese Lebensbereiche auch eine besondere Wichtigkeit bekommen; dem Menschen wird eine Chance gewährt, oder er ist in einer Gefährdung.

Für die Zahlensymbolik ist nun die Kennzeichnung der zwölf Häuser interessant, sie soll hier aufgeführt werden.

Das erste Haus beginnt am Aszendenten, das ist der Teil des Tierkreises, der im Osten über dem Horizont aufgeht, er wird auch der

»Pol des Ich« genannt, während der entgegengesetzte Punkt, der »Pol des Du«, im Westen liegt und Deszendent genannt wird. Die verschiedenen »Häuser« schließen sich an, indem man gegen den Uhrzeigersinn dem Kreis weiter folgt. Das erste Haus kennzeichnet die Grundgestimmtheit eines Menschen, die Konstitution in physischer und psychischer Hinsicht. Jeder hat eine mehr oder weniger ausgeprägte Vitalbasis, ein Temperament mitbekommen, das auch in vieler Hinsicht seine Verhaltensweisen bestimmt.

Das zweite Haus bestimmt die Fähigkeit, die jeder mitbekommt, das »Material« der jeweiligen Mitgift, aber auch die Möglichkeit, seine Fähigkeiten weiter zu entfalten, mit Besitz umzugehen, ihn vehement festzuhalten oder kein Verhältnis dazu zu bekommen. Auch die Sesshaftigkeit oder die Wandlungsbereitschaft wird durch die jeweilige Aspektierung durch die Planeten bestimmt.

Das dritte Haus kennzeichnet die Möglichkeit, Beziehungen aufzubauen, sich kommunikativ zu verhalten oder sich in das eigene Schneckenhaus zurückzuziehen. Als soziales Wesen ist der Mensch auf den Austausch und die Querverbindungen angewiesen, er möchte sich mitteilen und ist auf die Selbsterschließung anderer bezogen.

Das vierte Haus regelt unser Verhältnis zur Tradition, zu der eigenen Herkunft, zu den Vätern und Müttern, zur Heimat und betont die Verbundenheit mit den Vorfahren. Andererseits muss in diesem Lebensbereich die Ablösung von den Eltern geleistet werden, oder es kommt zur Rebellion gegen die als übermächtig empfundene Überlieferung. Auch das Verhältnis zu den Alten (und zum Alter) muss in diesem Reifungsbereich geklärt werden.

Das fünfte Haus betrifft den Bereich des Eros, die faszinative Anziehung des Geschlechtlichen. Dieses Feld kennzeichnet aber auch die Bedeutung des Spiels, des freischaffenden Wirkens, der unbefangenen kindlichen Spielfreude. Einerseits kann ein Verfallensein an Eros und unverbindliches Spiel damit verbunden sein, andererseits aber auch Freude am hingebungsvollen kreativen Tun. Auch der »pädagogische Eros« ist in diesem Haus beheimatet.

Das sechste Haus sagt etwas über Gesundheit und Krankheit aus, auch über die Möglichkeit zu helfen und zu heilen. Kein Mensch existiert für sich allein, durch seinen Beruf und seine Arbeit ordnet er sich in ein Gemeinschaftsgefüge ein und kann notwendige Funktionen in der Gesellschaft übernehmen.

Im siebten Haus muss die Spannung zwischen dem Ich und dem Du, zwischen dem Einzelnen und seiner Umwelt, ausgetragen werden. Es kann eine Tendenz zur Isolation und Bewahrung des eigenen Ich dominieren, andererseits kann auch eine Neigung zur Anpassung und zur Aufgabe der eigenen Besonderheit vorherrschen. Die Aufgabe liegt im Erreichen einer Balance der personalen Ansprüche des Selbst und der Umwelterwartungen; dabei müssen die Neigungen zur egoistischen Einigelung und zur kritiklosen Selbstaufgabe überwunden werden.

Das achte Haus betrifft die Einstellung zum Tod, zum Zerbrechen der Vorgefundenen Welt, aber es geht auch um die Wandlungsbereitschaft und um den Durchstoß zu einer anderen Dimension. Die Aufgabe, die mit diesem Bereich gegeben ist, hängt mit der Bereitschaft zusammen, mit Verlusten und Sterbevorgängen umzugehen, ohne vorschnell zu resignieren, ohne sich aber gegen notwendig gewordene Abschiede zu sperren. Auch die Sehnsucht nach einer metaphysischen Welt kann hier geortet werden.

Das neunte Haus steht für den Bereich der religiösen und ethischen Ordnung. Der Mensch schaut aus nach Antworten, die sein Dasein als sinnvoll erscheinen lassen; er möchte Zusammenhänge erkennen, die das Ganze der Schöpfung als gefügten Kosmos erkennen lassen. Wird dieses Haus vernachlässigt, dann werden solche existentiellen Fragen gar nicht gestellt, wird es dagegen überbewertet, dann mag eine Neigung zum Grübeln und Spekulieren überhand nehmen und die Einstellung bestimmen.

Das zehnte Haus kennzeichnet die Bedeutung des Berufslebens und der Einwirkungsmöglichkeiten auf die Gesellschaft, ist deshalb bestimmt vom Verlangen nach Anerkennung und Weltgeltung. Erfolg und Misserfolg prägen eine Persönlichkeit, die Lust an der Auseinandersetzung und das Verlangen nach einer Karriere formen ein bestimmtes Charakterbild.

Das elfte Haus wird auch das »Freundschaftshaus« genannt, es bestimmt aber auch allgemein das Verlangen nach Beziehungen, nach der Geborgenheit in Gruppen, die durch ihre gleichartigen Interessen sich verbunden fühlen. Geistige Beziehungen müssen gestiftet werden, sie setzen die Ablösung vom Elternhaus voraus. Freundschaften fördern die individuelle Entfaltung und wecken die bisher noch brachliegenden Kräfte.

Das zwölfte Haus lässt sich als das Feld der Einsamkeit verstehen. Neben dem Gelingen steht auch das Misslingen, neben der Verbindung die Trennung, neben dem Gewinn der Verlust. Wohl suchen wir unser Dasein abzusichern, aber irgendwann müssen wir auch bereit sein zu entsagen und uns den schicksalhaften Notwendigkeiten zu fügen. Die Verarbeitung von Einsamkeitserfahrungen, von Ängsten und Schuldgefühlen gehört ebenfalls zu den Aufgabengebieten dieses Hauses.

Wer sich diese zwölf Häuser vergegenwärtigt, wird unschwer erkennen, dass sie zwölf Aufgabenfelder im Prozess der Selbstentfaltung des Menschen kennzeichnen. Mit jedem Haus werden Chancen eröffnet, aber auch Gefahren benannt. Keiner der zentralen Lebensbereiche darf im Verlauf des Lebensbogens unberücksichtigt bleiben, auch wenn in jedem individuellen Leben die Akzente verschieden gesetzt werden. Die Kennzeichnung der einzelnen Häuser soll nicht in ein zahlensymbolisches System gepresst werden, aber es ist auffällig, dass zum Beispiel im dritten Haus das Beziehungsgeflecht im Mittelpunkt steht (was ja am ehesten mit der Drei ausgedrückt werden kann), dass im achten

Haus die Auseinandersetzung mit Tod und Sterben ansteht (und die Acht in der Zahlensymbolik die Überwindung des Todes bezeichnet). Im zehnten Haus geht es um die Selbstentfaltung in Beruf und gesellschaftlicher Verantwortung (die Zehn ist eine Vollzahl und kennzeichnet die Entfaltung zur gültigen Gestalt).

So ist anzunehmen, dass diese uralte Weisheitslehre, die dem Menschen seine Aufgaben präsentieren möchte und Hilfen anbietet, wie der Lebensbogen sich sinnvoll runden kann, auch Elemente der Zahlensymbolik enthält.

Der Blick zum Himmel, zum Sternenstand sollte Aufschluss geben über die irdischen und menschlichen Vorgänge. Aber weil die Astrologie immer auch eine religiös verstandene Bemühung war, deshalb sollte die Betrachtung der irdischen Wirklichkeit einen Zugang eröffnen zu den verborgenen Bereichen. Origenes schreibt in seinem Hoheliedkommentar: »Diese sichtbare Welt enthält einen Unterricht über die unsichtbare Welt, und der irdische Bestand fasst in sich gewisse ›Gleichnisse der himmlischen Dinge‹, damit wir von den Dingen, die unten sind, aufsteigen können zu denen, die oben sind, und aus den Dingen, die wir auf Erden sehen, etwas erspüren und begreifen können von denen, die im Himmel sind.« Es war wohl vor allem die geheimnisvolle Rhythmik der heraufkommenden und wieder verschwindenden Sternbilder und Planeten, die Verlässlichkeit ihrer Ordnung, die zum Nachdenken brachte. Die oberen »Epochen« waren Entsprechungen der unteren Perioden, der Tag, der Monat, das Jahr, aber auch die langen historischen Epochen mussten in einer Relation stehen zu den Vorgängen am Himmel.

X

In der Antike sprach man von fünf Weltaltern, aber es war keine aufwärtssteigende Linie, kein »Fortschritt«, den man annahm, sondern ein Abstieg, ein Verfall der ursprünglichen Schönheit und Ordnung der Welt. Hesiod handelt in seinem Gedicht »Werke und Tage« von dem ursprünglichen »Goldenen Zeitalter«, das von einem »Silbernen« gefolgt war, dann kam das Weltalter, das vom Erz bestimmt war, es Schloss sich die Periode der Halbgötter an, dann begann das fünfte Weltalter, das von einem »Eisernen Geschlecht« beherrscht wird.

Vergil hat in seiner vierten Ecloge, dem Hirtengedicht »Pollio«, auch eine Vorstellung von den Weltaltern, aber er verbindet sie mit einer Hoffnung, dass das schon verlorene goldene Zeitalter wieder heraufkommen könne.

> Nun ist gekommen die letzte Zeit nach dem Spruch der Sibylle;
> Neu entspringt jetzt frischer Geschlechter erhabene Ordnung.
> Schon kehrt wieder die Jungfrau,
> Saturn hat wieder die Herrschaft;
> Schon steigt neu ein Erbe herab aus himmlischen Höhen.
> Sei nun dem nahenden Knaben,
> mit dem die eisernen Menschen
> Enden, und allen Welten ein goldenes Alter erblühet –
> Gnädig sei ihm, du Helferin, Reine!
> schon herrscht dein Apollo!
> Während du, o Pollio, führest, beginnt dieses Aeons Herrlichkeit,
> fangen an die hohen Jahre zu schreiten,
> Die unsres Frevels Spuren, wenn solche noch blieben, vernichten,
> Die aus unaufhörlichen Ängsten erlösen die Länder.

Die Geschehnisse am Himmel rufen also Hoffnung auf der Erde hervor; eine gewandelte Konstellation, die günstig erscheint, lässt erwarten, dass auch auf Erden ein Unheilsäon zu Ende geht und ein glücklicheres Zeitalter heraufkommt. Das fünfte, das eiserne, Weltalter muss enden, damit das erste, das goldene, wieder anbrechen kann.

Vielleicht beschäftigen wir uns mit der symbolischen Bedeutung der Zahlen, um herauszufinden, welche Verheißungen in den Zahlenverhältnissen zu entdecken sind. Novalis jedenfalls hat gesagt: »Es ist sehr wahrscheinlich, dass in der Natur auch eine wunderbare Zahlenmystik stattfinde. Auch in der Geschichte. – Ist nicht alles von Bedeutung, Symmetrie, Anspielung und seltsamem Zusammenhang? Kann sich Gott nicht auch in der Mathematik offenbaren wie in jeder andern Wissenschaft?«

XI

Wie stark zahlensymbolische Vorstellungen auch im Alltag des Volkes anzutreffen waren, kann man ablesen, wenn man die Volkslieder bedenkt, die überall verbreitet waren. In ihnen hat sich die symbolische Kennzeichnung der Zahlen auf eine einprägsame Weise erhalten; die Menschen erinnerten sich beim Singen gewissermaßen selbst daran, dass die Zahlen nicht nur nüchterne Bezeichnungen sind, sondern dass in ihnen geheimnisvolle Bedeutungen stecken. Ein Stundenruf aus Süddeutschland, vom herumziehenden Nachtwächter gesungen, soll dafür ein Beispiel sein:

Hört, ihr Herrn, und lasst euch sagen:
Unsre Glock hat zehn geschlagen.
Zehn Gebote setzt' Gott ein,
gib, dass wir gehorsam sein!
Menschenwachen kann nichts nützen,
Gott muss wachen, Gott muss schützen.

Herr, durch deine Güt und Macht
gib uns eine gute Nacht!

Elf der Jünger blieben treu,
einer trieb Verräterei.

Zwölf, das ist das Ziel der Zeit.
Mensch, bedenk die Ewigkeit.

Ist nur ein Gott in der Welt,
ihm sei alles anheimgestellt.

Zwei Weg hat der Mensch vor sich.
Herr, den rechten lehre mich.

Drei ist eins, was göttlich heißt:
Vater, Sohn und Heil'ger Geist.

Vierfach ist das Ackerfeld,
Mensch, wie ist dein Herz bestellt?
Alle Sternlein müssen schwinden,
und der Tag wird sich einfinden.
Danket Gott, der uns die Nacht
hat so väterlich bewacht!

Mit den Zahlen werden wichtige Grundlehren des Glaubens verbunden, der eine und dreifältige Gott, die Zwei der Entscheidung, die Vier des Ackerfeldes nach dem Gleichnis Jesu, wonach der gute Same teilweise auf den Weg fällt, teilweise auf steinigen Grund, zum Teil unter Dornen und Disteln, von denen er erstickt wird, und nur zum restlichen Teil auf guten und fruchtbaren Boden. Die »unvollkommene« Zeit wird erinnert, und die Zwölf wird das Ziel der Zeit genannt, die zwölfte Stunde weist also auf die Wiederkunft Christi und das anbrechende Reich Gottes hin. So wird aus dem volkstümlichen Lied ein schlichtes Credo, eine Vergegenwärtigung der Glaubensüberzeugung.

Das Barock hat solche Formen einer konkreten Meditationshilfe geliebt, die Alltagswelt sollte durchsichtig werden und auf einen geistlichen Zusammenhang hindeuten. In einem geistlichen Liederbuch, das 1631 in München herauskam, heißt es:

So offt ich schlagen hör die Stund,
Gesegn ich Stirn, Hertz und Mund
Und bitt Gott umb ein seligs End,
Dass er mit seiner Hilff behend
Mir gnädiglich beyspringen wöll,
Mein Seel erretten von der Höll.

Das »kleine uhrwercklein am halß«, wie Friedrich von Spee sagt, soll uns zu jeder Stunde aufmerksam machen, was die Stunde geschlagen hat, damit wir nicht blind und ahnungslos unser Leben verbringen.

In einem geistlichen Lied auf alle Stunden des Tags wird die Zahlensymbolik so entfaltet:

1 Vhr
Ein Glaub allein, Ein Gott allein,
Dem leben wir vnd sterben:
Wer in dem Einen glaub wird sein,
Soll Einen Gott erwerben.

2 Vhr
Zwo Tafflen, vnd zwey Testament
Muss man nicht vberschreiten,

Will drin studieren bis zum end,
Zum Himmel sie mich leiten.

3 Vhr
Es seind in Gott personen drey,
Mans anders nit muss halten:
Die Einigkeit glaub ich darbey,
Bleibt dennoch vnzerspalten.

4 Vhr
Wans viere schlägt, dünckt mich es klingt,
Die warheit muss ich sagen,
Als werens die vier letzte ding,
Mein sünd mich starck verklagen.

5 Vhr
Fünff Christi Wunden rosen roth,
Wer wolt sie nicht verehren?
O Gott, in aller meiner noth,
Will mich zu ihnen kehren.

6 Vhr
Zu Cana seind zur hochzeit gut,
Sechs wasser-krüg gestanden,
Der Herr bald wein drauß machen thut.
Ach! kem er vns zu handen!

7 Vhr
Ich denck der siben Sacrament,
Der siben wort imgleichen,
Die Jesus sprach an seinem end,
Da er von hin solt weichen.

8 Vhr

Acht Seeligkeiten zehlet mann,
Darnach wir müssen streben:
Wol dem, der sie all haben kann,
In frewden wird er leben.

9 Vhr

Der Englen Chor seind eben neun,
Die singen alle droben:
Ach! möcht ich doch bey ihnen sein!
Wolt Gott so frewdig loben.

10 Vhr

Der zehn gebott vergiß ich nit,
Die führen vns zum leben:
Wolt Gott sie niemand vberschritt!
Mein blut wölt ich drumb geben.

11 Vhr

Von eilffen find ich sonders nicht,
Nur das man geht zum essen:
Last nehmen dan was zugericht,
Vnd Gottes nicht vergessen.

12 Vhr

Zwölff Botten sendet vnser Herr
Die Völcker zu bekehren:
Gereiset seind sie weit vnd fehr,
Den glauben zu vermehren.
Nun bitt ich sie von hertzen grund,
Sie bringen mir zu wegen,
Als offt ich hör des tages stund,

Mir komm der Gottes Segen.
Amen.

Solche Merkverse waren gerade im Barock beliebt, sie sind ganz
sicher als katechetische Texte entwickelt worden, um die Verbundenheit der Menschen mit dem Glauben und der Kirche zu stär-
ken, aber offensichtlich waren sie auch beliebt, weil es spielerische
Formen waren, die sich leicht einprägen ließen und in Mußestun-
den wieder vergegenwärtigt wurden.

Übrigens gab es nicht nur in den christlichen Kirchen solche
volkstümlichen Lehrsprüche, sondern auch im Judentum. Da gibt es
den Brauch »Omer zu zählen«, zur Erinnerung an das Omer, die
erste Gerstengabe, die am 15. Nissan als Opfer dargebracht wurde.
Nach dem zweiten Sederabend zählt man jeweils am Abend die Tage
bis zum Omer und verbindet auch hier jede Zahl mit einer Erinnerung des Volkes Israel an seine Geschichte mit Gott. Es beginnt:

Eins, wer weiß es?
Eins, ich weiß es!
Eins ist unser Gott im Himmel und auf Erden.

Und so geht es weiter – Tag für Tag –, bis es am letzten Tag heißt:

Dreizehn, wer weiß es?
Dreizehn, ich weiß es!
Dreizehn: die Eigenschaften (Gottes).
Zwölf: die Stämme (Israels).
Elf: die Sterne (in Josefs Traum).
Zehn: Gebote.
Neun: Monde (der Mutterschaft).
Acht: Tage der Beschneidung.
Sieben: Tage der Woche.

Sechs: Ordnungen der Mischna.

Fünf: die Bücher (Moses).

Vier: die Mütter (Sara, Rebekka, Lea und Rahel).

Drei: die Erzväter (Abraham, Isaak, Jakob).

Zwei: die Tafeln des Bundes.

Eins ist unser Gott im Himmel und auf Erden.

Bei solchen Sprüchen und Versen wird die Lust der Kinder am Zählen angesprochen und aufgegriffen, verbunden freilich mit einem pädagogischen Anliegen: Wichtige Daten der heiligen Überlieferung sollen übermittelt und eingeprägt werden. Mit den Zahlen sollen sich bestimmte Ereignisse und Glaubensgeheimnisse so intensiv verbinden, dass sich gleichsam von ganz allein die heilig gehaltene Erinnerung mit der betreffenden Zahl einstellt.

XII

Aber auch im nichtreligiösen Volkslied hat das Zahlenspiel seinen Niederschlag gefunden. Die Kinder lernen das Zählen, indem sie ihre Finger abzählen, aber es ist leichter, wenn die Zahlenketten sich mit Reimen und kindgemäßen Versen verbinden. Ein jiddisches Lied erzählt von zehn Brüdern, die sich – einer nach dem anderen – mit einem Handwerk beschäftigen und so auseinandergehen. Es beginnt:

Zehn Gebrieder sammer gewesen,
hammer gehandelt mit Wein,
einer ist dabei geblieben,
sammer gewesen nur noch neun ...

Auf ähnliche Weise wird ja auch das Lied von den »zehn kleinen Negerlein« gesungen. – Und die Abzählverse haben auf ihre Weise auch dazu beigetragen, Kindern das Zählen in Fleisch und Blut übergehen zu lassen:

Eins, zwei, drei, vier, fünf, sechs, sieben,
eine alte Frau kocht Rüben,
eine alte Frau kocht Speck –
und du bist weg!

Die Eins

So hoch steht die Eins über der Zahlenreihe, dass sie noch gar nicht als »normale« Zahl angesehen wird; sie ruht in sich selber, ist der Ausgangspunkt des Zählens, ja ist der Ursprungsort alles Seienden. Vor jeder geschöpflichen Vielheit steht die göttliche Einheit, vor der Scheidung in die Vielfalt steht das Ungeschiedene. Weil aber das Eine schon die Möglichkeit des Vielen in sich trägt, deshalb ist die Eins die Quelle der vielen Dinge, die Wurzel der Verzweigungen, die Mutter aller Wesen.

»Das Eine kann nicht in Zahlen geteilt werden, aber von ihm nimmt jede Zahl ihren Ausgang«, heißt es bei Augustinus. Deshalb kommt der Eins ein Absolutheitsanspruch zu als einem göttlichen Geheimnis. Sie ist nicht hervorgebracht, bringt aber alles hervor, steht am Anfang und wird zum Kern- und Sammelpunkt, von dem alle Bewegung ausgeht und zu dem sie wieder zurückkehrt.

Die Eins hat man auch gern mit der einen Sonne in Verbindung gebracht, die als der Inbegriff des Lichts und der Wärme das Leben ermöglicht. Etwas von der Ruhe und der Stetigkeit, vor allem der Majestät, begegnet uns in der Sonnenbahn. Auch die Kreisgestalt erinnerte die Menschen an die Eins. Ambrosius sagt: »Das Bild des Kreises bedeutet, von sich ausgehen und zu sich zurückkehren.«

Plato brachte die Ideen mit den Zahlen in Verbindung. Dabei war die Eins Ausdruck der höchsten Idee. Diese Eins findet sich in allen Dingen. So kann Friedrich Rückert sagen:

Ich preise dich, mein Gott, und will dich ewig preisen,
Du ew'ger Mittelpunkt in allen Lebenskreisen.

In der kabbalistischen Zahlenspekulation hat die Eins einen ausgesprochenen Mysteriencharakter. »En Sof«, das ist der Urgrund, aber

auch das Verborgene und Nichtfassbare. So unendlich ist sein Wesen, so transzendent, dass kein Mensch es wirklich erfassen kann. Es
ist ja anfanglos, unerschaffen, »die Wurzel aller Wurzeln«, sodass der
Mensch höchstens die Hoffnung haben kann, dass aus diesem dem
Menschen entzogenen Bereich etwas herausfließen könne, das unserer Fassungskraft mehr entspricht. Gott schränkt sich ein, er will
sich fassbar machen, deshalb vermindert er sich, um in unsere Er-
fahrungswelt einzutauchen. Im chinesischen Denken kommt die
Eins aus dem Tao, dem Urprinzip alles Seienden. »Das Tao erzeugt
die Eins, die Eins erzeugt die Zwei, die Zwei erzeugt die Drei, und
die Drei erzeugt alle Dinge.« So steht also die Eins zwischen dem
unfassbaren Geheimnis und der Vielheit der Dinge.

Keine andere Zahl, sofern man die Eins eine Zahl nennen kann,
eignet sich so, sie philosophisch und meditativ zu umkreisen und
ihr Wesen zu erfassen; als mathematische Größe gibt sie nicht viel
her, aber in ihrem archetypischen Charakter und als mysterienhafte
Chiffre kann man sie nicht ausloten. »Die Eins ist als erstes Zahlwort eine Einheit. Sie ist aber auch die Einheit, das Eine, das All-
Eine, Einzige und Zeitlose – kein Zahlwort, sondern eine philosophische Idee oder ein Archetypus und Gottesattribut, die Monas«,
heißt es bei Carl Gustav Jung.

Ein Philosoph der ausgehenden Antike, Plotin, der den Platonis-
mus für seine Zeit noch einmal erneuerte, war ein ausgesprochener
Ganzheitsdenker, der sein Leben lang dem Gedanken von der Einheit nachging. Sein Denken kreist um »das Eine«, das göttliche Ur-
geheimnis, das alles gezeugt hat, was wir an Wirklichkeit finden.
Weil aber nur das Eine wirklich Seiendes und höchstes Leben ist,
deshalb strebt alles, was in den niederen Seinsstufen existiert, zu
diesem großen Einen hin: Alles ist miteinander verwandt und wird
von dem Einen angezogen, damit es wieder mit dem anfanghaft
Einen verbunden wird. Was wir bei unserer Wahrnehmung sehen
und erleben, sind nur Abbilder des Urbildes, das in sich selbst das

Eine ist. Der Mystiker bleibt nicht in der Zerrissenheit der Vielfalt, sondern zieht sich zurück und wendet sich völlig in das Innere. »Wer sich selbst kennt, der weiß auch, woher er stammt.« Zu diesem väterlichen Einen strömt alles, was ist, weil es die innere Verwandtschaft erkennt: »Kein Auge könnte je die Sonne sehen, wäre es nicht sonnenhaft; so sieht auch keine Seele das Schöne, welche nicht schön geworden ist«, sagt Plotin.

Gerade weil wir im Spannungsfeld der vielen Dinge stehen und oft zerrissen werden von den Gegensätzen und Widersprüchen, haben wir eine Sehnsucht nach dem Umfassenden und Umgreifenden, dem Zusammenbindenden und Versöhnenden. Goethe sagt zwar:

> Kein Lebendiges ist ein Eins,
> immer ists ein Vieles,

aber wir haben die Sehnsucht, dass die Vielfalt sich zusammenfügt und ein verbindendes Zusammen erlebt werden kann. Augustin hat dem in den Confessiones so Ausdruck gegeben: »Im aufgeregten Unbestand der Dinge werden meine Gedanken, wird das tiefste Leben meiner Seele hierhin, dorthin gezerrt, bis ich, in der Glut Deiner Liebe zu lauterem Fluss geschmolzen, in Dir ein ungeteilt Eines werde.«

Wir nennen das menschliche Einzelwesen ja »Individuum«, das Ungeteilte, obwohl wir in uns selbst oft genug den Zwist und den Zweifel wohnen haben. Es gehört zu den großen Aufgaben im Laufe unseres Lebens, die eigene Lebensfigur – trotz aller Wandlungen und Veränderungen – als *ein* Leben zu verstehen, als in sich identischen Lebensbogen anzunehmen und durchzustehen.

Die Umtauschbarkeit jedes einzelnen Menschen, von seinem Personkern bestimmt, seiner psychischen Energie, ist durchaus als eine innere »Eins« zu begreifen, wie ja auch die Zahlzeichen, sowohl im Lateinischen (I) wie im Arabischen (1) gerne als der aufrecht stehende Mensch gedeutet worden sind. – Zur Einmaligkeit der menschlichen Existenz gehört auch seine Verantwortlichkeit und die Tatsache, dass er sich eben auf dieses Ein-Mal konzentrieren muss, wie es Rainer Maria Rilke in seiner neunten Duineser Elegie ausgedrückt hat:

Ein Mal
jedes, nur *ein* Mal. *Ein* Mal und nicht mehr. Und wir auch
ein Mal. Nie wieder. Aber dieses
ein Mal gewesen zu sein, wenn auch nur *ein* Mal:
irdisch gewesen zu sein, scheint nicht widerrufbar.

Die Eins aber auf den Menschen anzuwenden ist schon die Ausnahme, zunächst einmal ist das Ureine und Anfanghafte immer nur vom einen Gott ausgesagt. Die Sehnsucht nach Einheit, nach politischer Einigung, nach innerpsychischer, nach religiöser und konfessioneller, ist immer im Hinblick auf diesen Grund der Ur-Eins gesprochen.

Ein Leib und *ein* Geist,
wie ihr auch berufen seid in *einer* Hoffnung,
die eure Berufung bezeichnet,
ein Herr, *ein* Glaube, *eine* Taufe,
ein Gott, der Vater aller, der über allen ist
und durch alle und in allen wirkt (Epheser 4,4ff.).

Ein moderner israelischer Dichter, Benjamin Ziv, hat diesen Gedanken in seinen Versen »Das unbestrittene Eine« so ausgedrückt:

So viel Licht – eine Sonne
So viele Sterne – ein Himmel

So viel Atem – eine Luft
So viele Ideen – ein Hirn
So viele Wörter – eine Zunge
So viel Lüge – eine Wahrheit
So viele Gefühle – eine Liebe
So viel Liebe – ein Herz
So viele Menschen – ein Vater
So viel Glaube – ein Gott.

Durch die Geistes- und Religionsgeschichte geht die Sehnsucht nach dem Einen und Unverwechselbaren, dem Unbegreiflichen und Unvergleichlichen. In den Upanishaden wird es so gekennzeichnet: »Das Absolute ist das, was außerhalb seiner selbst, neben sich, abgesondert von sich nichts hat.« Das Absolut-Eine umfasst also das Ganze, neben dem sich nichts behaupten kann. Ähnlich umschreiben es die chinesischen Taoisten: »Außer dem Tao gibt es nichts; vom Tao kann man nicht abweichen.« In den Petrusakten wird Gott angerufen: »Du bist mir Vater, du mir Mutter, du mir Bruder, du Freund, du Diener, du Haushalter. Du bist das All, und das All ist in dir; du bist das Sein, und es gibt nichts anderes, was ist, außer dir allein.« Hier drückt sich also in verschiedenen Kulturen und religiösen Traditionen eine ganz ähnliche Sehnsucht aus: Der Riss in der Welt soll überwunden, die göttliche Einheit und Ganzheit erreicht werden. Die Vielfalt und Gegensätzlichkeit sind nicht das Letzte, es soll wieder eine Einheit heraufkommen, die das Ganze umfasst und umgreift. – Auch Paulus öffnet eine Perspektive in seinem ersten Korintherbrief, wenn er als Zielhorizont angibt: »Wenn einmal alles ihm (dem Christus Jesus) unterworfen ist, dann wird auch der Sohn selbst sich ihm unterstellen, der ihm alles unterworfen hat, damit Gott sei alles in allem« (15,28).

Die Zwei

Mit der »Ver-zwei-gung« in der Welt beginnt die Vielfalt der Dinge Gestalt anzunehmen. Die »Ur-Eins« entlässt die Vielfalt, es beginnt eine Geschichte der Differenzierung und Entfaltung. Immerzu entstehen neue Gebilde, sie teilen sich weiter, ein Ende ist nicht absehbar. Die Zwei ist vielschichtig, zunächst einmal erscheint sie unter einem negativen Vorzeichen, weil sie das Einheitliche und Ganze zerteilt und spaltet. Dann aber erweist sich die Zwei als eine Zahl der sinnvollen Entfaltung, damit die vielen Möglichkeiten des Einen und Ganzen zur Erscheinung kommen. Und schließlich ist die Zwei dann wieder eine Zahl, die auf die Begegnung und Versöhnung der Getrennten hinweist, auf das Paar. Diese dritte Betrachtungsweise versöhnt also wieder mit der zerteilenden Zwei.

DIE ZWEI DER SPALTUNG

Die Welt, die wir betrachten, ist in aller Regel eine gespaltene Welt; da wird etwas als getrennt erlebt, was eigentlich zusammengehört: der Tag und die Nacht, Dunkel und Licht, das Oben und das Unten, das Offene und das Verborgene, das Gerade und das Ungerade, das Harte und das Weiche, das Bewusste und das Unbewusste. Nun sind das alles Gegensätze, die zwar eine Spannung erzeugen, aber immerhin aufeinander bezogen sind. Wenn aber die Zwei zu einem Widerspruch führt, dann stehen die beiden Kontrahenten unversöhnlich zueinander.

Das Gute und Böse sind keine Gegensätze, keine Pole, die sich gegenseitig bedingen, sondern sie stellen sich gegenseitig in Frage: Das Gute ist das, was sein soll, das Böse das, was eigentlich nicht sein soll. Das Richtige bedarf des Falschen nicht, um richtig zu sein, obwohl die reale Erfahrung des Falschen es mir leichter macht, das Richtige zu erkennen. Gott bedarf nicht eines ewigen

Gegenspielers, er hat seine Daseinsweise in sich, obwohl unsere Erfahrung ihn vielleicht unter ganz verschiedenen Bildern und Erscheinungsweisen zu erkennen hofft und wir dann sogar vom Licht und vom Schatten Gottes sprechen mögen.

Die Spannung in der Welt, die permanente Kampfsituation zwischen den verschiedenen »Mächten«, hat dazu geführt, dass viele religiöse Kulturen ein dualistisches Weltbild entwickelt haben. Unter Dualismus versteht man eine Anschauung, die zwei höchste Prinzipien (oder wesenhafte Mächte) annimmt, die sich aber zu keiner höheren Einheit zusammenfassen lassen. Der Parsismus zum Beispiel (und Mazdaismus, die Religion Zarathustras) versteht die Weltgeschichte als dauernden Kampf des guten Gottes Ahura Mazda gegen den bösen Gott Ahriman; erst am Ende der Welt wird der gute Gott siegen und die Mächte des Bösen endgültig vernichten. Auch die verschiedenen gnostischen Denksysteme sind dualistisch angelegt. Die Welt des Materiellen mit ihren Trieben und dunklen Kräften ist die Schöpfung eines dunklen Gottes (Demiurg). Das eigentliche Leben ist aber der Lichtbereich des Geistes, das ist der Schöpfungsbereich des guten Gottes. Weil der Mensch nun sowohl geistig als auch materiell veranlagt ist, wird er zwischen der Lichtwelt und dem Bereich der Finsternis hin- und hergerissen. Der Pneumatiker verzichtet deshalb – soweit es möglich ist – auf die Erfüllung seiner leiblichen (und geschlechtlichen) Triebwünsche und lebt ganz dem Geistigen.

Das Christentum ist in seinem Grundansatz nicht dualistisch: Gott ist der Schöpfer der ganzen Schöpfung, sowohl der Materie wie des Geistes. Da man aber mit dem Problem des Bösen in der Welt konfrontiert wurde, hat sich auch im Christentum eine quasidualistische Begrifflichkeit und Vorstellungsweise eingenistet: Licht und Finsternis, Fleisch und Geist, diese Welt und die kommende Welt, Gott und Satan. Es ist aber wichtig zu sehen, dass auch diesen Vorstellungen nie ein metaphysischer Dualismus zugrunde liegt, sondern dass sie von der Kampfsituation des Menschen im Spannungsfeld einer erlösungsbedürftigen Welt ausgehen.

Auch wenn ein Mensch nicht einer dualistischen Weltdeutung zuneigt, wird er sich oft genug als innerlich gespalten erfahren, Denken und Wollen kommen nicht zur Deckung, er erlebt sich als zerrissen, gerät in einen Zwiespalt, muss Zweifel durchleiden und wundert sich, welche divergierenden Kräfte in ihm wohnen. Meisterlich hat Friedrich Rückert diesen inneren Zwist und die menschliche Uneinigkeit in den beiden Gedichtzeilen eingefangen:

> Die Zwei ist Zweifel, Zwist, ist Zwietracht, Zwiespalt,
> Zwitter;
> Die Zwei ist Zwillingsfrucht am Zweige, süß und bitter.

Hier wird deutlich, in wie vielen Worten unserer Sprache die Zwei steckt. In den meisten Fällen ist der Gedanke an Spaltung und Entzweiung damit verbunden. Die alte Form zerbricht, das bisher Einheitliche geht entzwei, zwei Wege tun sich auf, eine Wegscheide fordert Entscheidung heraus, vielleicht muss von zwei Übeln das geringere gewählt werden, aber es mag sein, dass einer, der sich nicht entscheiden kann, »zwischen zwei Stühlen« sitzt, aber auf keinem wirklich sitzen kann. Der Zweifel drückt den inneren Konflikt aus: Da ist einer hin- und hergerissen, durch zweifache Neigung verunsichert, die doppelte Möglichkeit, die Chance, aber auch Gefahr sein kann, spaltet seinen Sinn, der ist ins Schwanken gekommen, muss die Gründe abwägen und einen Entschluss fassen, damit er nicht innerlich zerrissen wird. »Sollte ich nicht alle Zweifel zum Teufel, mit dem sie sich reimen, jagen dürfen?« heißt es in den Lebenserinnerungen Ludwig Richters. Hölderlin spricht vom »quälenden Seelengift«, und Hegel sieht die Gefahr der inneren Spaltung in der Grundveranlagung des Menschen begründet:

»Die geistige Natur des Menschen treibt die Zweiheit und Zerrissenheit hervor, in deren Widerspruch er sich herumschlägt.«

Wem es nicht gelingt, zu einer gewissen Eindeutigkeit zu kommen, der gerät in einen Zwiespalt, sein seelisches Leben wird in zwei Teile zerrissen. Das kann sich darin ausdrücken, dass einer eine »zweigespaltene Zunge« hat, seine Rede wird »doppelzüngig«, die Lüge ergreift von ihm Besitz. Dann werden die Worte zweideutig, schillernd und unklar, was dann bis zur Schlüpfrigkeit führen kann. Oder der innere Riss drückt sich darin aus, dass einer »auf zwei Schultern trägt«, wobei die beiden Achseln unterschiedliche Last tragen, weil der Wankelmut es nicht zulässt, eine Entscheidung zu treffen.

»Niemand kann gleichzeitig zwei Herren dienen« (Matthäus 6,24). Dieses Wort, dass man nicht zur gleichen Zeit Gott und dem Mammon dienstbar sein könne, hat sich in Sprichwörtern und in der Volksdichtung spürbar ausgewirkt.

Zweyen herren Dienst zu sagen,
mit eym Hund zwen Hasen iagen,
loben dort und dorthin klagen,
das kan nit seyn durch große Witzen (Murner).

Keiner kan mit einem Löffel auff einmahl
zween Suppen versuchen.
Zween Köpf lassen sich nicht mit einem Hut bedecken.

Die Zwei steht in vielen Fällen für die Ambivalenz des Daseins, für das Auseinandertendieren und Rivalisieren der Möglichkeiten. Verdeutlichen kann man das am Schicksal der feindlichen Brüder, die sich gegenseitig in Frage stellen und bis aufs Blut bekämpfen. Kain und Abel sind der Inbegriff dieser feindlichen Bruderschaft, aber auch Jakob und Esau sind kontrastierende Brüder, die so verschieden sind, dass sie in einen Konflikt geraten und für lange Zeit auseinandergehen müssen. Der »rote« Esau, mehr vom Trieb als vom Geist bestimmt, und der kühle, klug vorausschauende Jakob, sie haben füreinander kein Verständnis, können aber auch nicht erkennen, dass sie Gegensätze sind, aufeinander bezogen, ja dass sie letztlich auch voneinander lernen könnten, um zu ihrer Ganzheit zu kommen.

Auch im griechischen Mythos wird von einem kontrastierenden Brüderpaar erzählt: Die Titanen Prometheus und Epimetheus sind ganz unterschiedlich veranlagt. Prometheus ist vorausschauend, visionär begabt, ein kühner Vorausdenker, der das Kommende schon schauen kann. Epimetheus dagegen ist blind für das, was aussteht, er kann höchstens im Nachhinein lernen, aus der schmerzlichen Erfahrung, wenn er sich falsch entschieden hat. Die Brüder stellen die beiden Möglichkeiten am Kreuzweg der Entscheidung dar.

Noch schärfer werden in manchen Märchen die alternativen Möglichkeiten und Gefahren des Menschen dargestellt. Was ist der rechte Weg, was der falsche? Wie lassen sich Gut und Böse unterscheiden? In den Volksmärchen werden keine Theorien entwickelt und keine Systeme entworfen. Aber am Schicksalsweg der Märchenhelden (und ihrer kontrastierenden Gegenspieler) lässt sich ablesen, wie eine richtige Entscheidung aussehen kann. In »Frau Holle« zum Beispiel stehen zwei Mädchen im Mittelpunkt, die beide »Marie« heißen, was vielleicht schon darauf hinweist, dass wir es hier eigentlich nur mit einer Person zu tun haben, die aber zwei Seiten, zwei Möglichkeiten hat. Die eine bewährt sich, tritt in die konkreten Situationen ein, lässt sich anrufen, tut das, was getan werden muss, hat Mitleid, bleibt nicht bei einem egoistischen Standpunkt stehen: So wird sie zur »Goldmarie«. Die andere versagt sich, bleibt im Gehäuse ihres eigenen Ich, erkennt nicht das Gewicht der Stunde: So wird sie zur »Pechmarie«.

Im Märchen »Ferdinand getreu und Ferdinand ungetreu« begegnet der eine Ferdinand seinem Namensvetter auf einer Wanderung durch die Welt. Während aber Ferdinand getreu ein offener und ehrlicher junger Mann war, verstand sich Ferdinand ungetreu auf allerlei schlimme Künste, er war ein Intrigant und Ohrenbläser, neidisch und heimtückisch. Auch hier werden die zwei in der Grundveranlagung vorhandenen Möglichkeiten eines Menschen als zwei Gestalten gezeigt. Und es wird erzählt, wie der getreue Ferdinand mit dem ungetreuen fertig werden muss. Wenn er aber die Anfeindungen ausgehalten, den Konflikt ausgetragen hat und dadurch gereift ist, kann zum Schluss der ungetreue Ferdinand verschwinden, Ferdinand ist ein »ganzer« und innerlich ungespaltener geworden.

DIE ZWEI DER ENTFALTUNG

Was lebt, entfaltet sich, gibt sich von verschiedenen Seiten zu erkennen. Geschichte kommt nur zustande, wenn sich ein Prozess ereignet, und Voraussetzung dafür ist die Ausfaltung, die Spannungen erzeugt, aber auch differenzierte Chancen heraufführt.

> Als das Licht sich hat entzweiet,
> stieg, was leicht, und sank, was schwer,
> und das eine war gezweiet
> zwischen Gott und Luzifer.

So hat es Clemens Brentano gedichtet. Und wenn sich hier auch ein gewisser Dualismus zu Wort meldet, kommt doch auch das Gesetz der Selbstentfaltung zum Vorschein. Leben drängt nach Verzweigung, die Zelle teilt sich, verdoppelt sich.

Und auch im Kosmos erleben wir die Doppelung. Die Zwei dient uns zum besseren Verständnis des Daseins: Himmel und Erde ergeben das Ganze der Schöpfung. Mann und Frau sind die Erscheinungsweisen des Menschen. Tag und Nacht gehören zusammen. In der ägyptischen Mythologie fährt die Sonnenscheibe auf der nächtlichen Mondbarke durch das Nachtmeer, um am anderen Morgen wieder aufzusteigen.

Das Zweifache ist der Inbegriff der Schöpfung, es muss das Oben und das Unten geben; die Aufspaltung in die Rechte und Linke bringt einen Zuwachs an Möglichkeiten mit sich. Wir haben zwei Augen und Ohren, zwei Nasenflügel, zwei Arme und Hände, zwei Beine und Füße. Dadurch wird unsere Befähigung, zu schauen und zu hören, zu arbeiten und uns zu bewegen, wesentlich gefördert.

Sich entzweien heißt zwar: sich streiten, aber der Konflikt ist vielleicht fruchtbar, er verändert die Situation, bringt gewandelte Sehmöglichkeiten herauf: Eine neue Ebene wird erreicht. Nicht jeder Zwist muss zu einem Zweikampf werden, vielleicht wird ein Zwiegespräch möglich, die Phase der Zwietracht wird dann durch eine Phase der Zweieinigkeit abgelöst.

»Wie aber Einheit sich in Zweiheit selbst auseinanderlege, war den Alten verborgen ... Polarität war ihnen noch nicht deutlich geworden«, sagte Goethe einmal. Und wenn man auch zurückfragen darf, ob nicht doch die Alten sehr wohl die Polarität gekannt haben, wird hier jedenfalls auf nachdrückliche Weise die Notwendigkeit der Entzweiung betont.

Sogar das Theater, die Spiegelung unseres Lebens auf der Bühne, lebt vom Zwist, von den inneren Spannungen und der Zwietracht. Wie käme sonst eine Handlung voran, wie würden wir uns sonst in den Gestalten auf der Bühne wiedererkennen, wenn es nicht Doppelbödigkeiten gäbe? Selbst das Komische empfinden wir vor allem dann, wenn die scheinbare Eindeutigkeit plötzlich zwiespältig wird, wenn ein Charakter mit seinen seltsamen Rissen und den verschiedenen Schichten zum Vorschein kommt. »Weil auf der Zweiheit, der Doppelheit des menschlichen Geistes, dem wunderbaren Widerspruch in uns, die Basis der komischen Bühne ruht«, so begründet Ludwig Tieck die theatralische Grundsituation.

Und noch einmal müssen wir Goethe das Wort geben, der in sich ja immer die Doppelung als sinnvolle und notwendige Entfaltung des eigenen Wesens erkannte und aussprach. Im West-östlichen Divan findet sich das Gedicht »Gingo Biloba«: Das seltsam gespaltene Blatt dieses exotischen Baumes, der erst 1754 aus Ostasien nach Europa gebracht wurde, erinnerte ihn an die eigene Doppelgestalt, aber mehr noch an die Erfahrung der Freundschaft. Ist es *ein* Blatt, das sich in *zwei* Teile teilt, oder sind es *zwei* Blätter, die sich in *eins* verbinden?

Dieses Baums Blatt, der von Osten
Meinem Garten anvertraut,
Gibt geheimen Sinn zu kosten,
Wie's den Wissenden erbaut.

Ist es ein lebendig Wesen,
Das sich in sich selbst getrennt?
Sind es zwei, die sich erlesen,
Dass man sie als Eines kennt?

Solche Frage zu erwidern,
Fand ich wohl den rechten Sinn:
Fühlst du nicht an meinen Liedern,
Dass ich Eins und doppelt bin?

In der modernen Physiologie und Psychologie, insbesondere in der Hirnforschung, wurde im Laufe der letzten Jahrzehnte ein neuer Zugang zur Polarität des Menschen gefunden: Das Gehirn hat zwei verschiedene Hemisphären, die jeweils sehr unterschiedliche Funktionen zu erfüllen haben. Die linke Hemisphäre hat es mit der rechten Körperhälfte zu tun, ihr ist zugeordnet das logische Denken, das klare Unterscheiden, das rationale Schlussfolgern, die mathematische Begabung, das Sprachvermögen, das Gefühl für Ordnung. Die rechte Hemisphäre des Gehirns ist auf die linke Körperhälfte hin angelegt, sie hat andere Funktionen, vermittelt dem Menschen die Orientierungsmöglichkeit im Raum, sie ermöglicht das künstlerische Sehen und Erkennen, das Erfassen von Ganzheiten.

Wir haben also ein doppeltes Bewusstsein mitbekommen, die Zwei erweist sich aber als außerordentlich hilfreich, weil sie dadurch ein gefügtes Ganzes ergibt. In uns ist der »Denker« wirksam, der auf logische Exaktheit aus ist, sich sprachlich verständigen kann, Widersprüche aufdeckt und mit seinem Tagesbewusstsein »aufklärend« tätig ist. Daneben ist aber auch der Träumer und Tänzer am Werk, der mit künstlerischer Intuition die Dinge erfasst, der seinen Ahnungen folgt und sich nicht mit dem Detail aufhält, sondern große Zusammenhänge wahrnimmt.

In anderen Kulturen, zum Beispiel in manchen indianischen, wird die linke Hälfte des Menschen, die von der rechten Hemisphäre des Gehirns gelenkt wird, auch die mütterliche genannt, die rechte Hälfte die väterliche. Die chinesische Geisteswelt hat mit dem Yin-Yang-Zeichen ein wunderbares Symbol gefunden, um die Doppelung und polare Entfaltung des Ganzen auszudrücken. Die Linke ist – nach diesem Verständnis – der Nachtbereich, die Rechte der Bereich der Tageshelle. Der Linken entspricht die Erde, das Aufnehmend-Empfangende, das Sinnliche und offen Wahrnehmende, der Rechten zugeordnet ist das Aktiv-Zupackende, das Schöpferische, der Himmel, die Klarheit.

Wichtig ist, dass wir diese beiden Gehirnfunktionen nicht gegeneinander ausspielen, sondern sie als Größen verstehen, die sich gegenseitig ergänzen und aufeinander angewiesen sind. Traumwelt und Realität stoßen zwar aufeinander, Verstand und Gefühl, Intellekt und Intuition verstehen sich nicht so ohne Weiteres, wir haben also auch mit einer schwierigen Ehe und einem spannungsreichen Verhältnis zu rechnen, und trotzdem gehören Pole nun einmal zusammen und müssen miteinander auskommen, zumal sie sich gegenseitig bereichern.

Zu den Wachstumsgesetzen gehört es, dass sich das zunächst Einheitliche ausdifferenziert und eine Vielfalt entsteht. In der Individualgeschichte kann das einen Schrecken im Menschen verursachen, weil er in sich plötzlich auch eine andere Gestalt entdeckt, die als Fremdling erscheint und doch zu ihm gehört. C. G. Jung charakterisiert eine solche Erfahrung auf folgende Weise: »Auf einem Höhepunkt des Lebens, wo sich die Knospe öffnet und aus dem Kleineren das Größere hervortritt, da wird ›Eins zu Zwei‹, und die größere Gestalt, die man doch immer war und die trotzdem unsichtbar blieb, tritt dem bisherigen Menschen in der Gewalt der Offenbarung gegenüber.« Es kommt darauf an, dieses auftauchende Zweite zuzulassen und ihm Raum zu geben, ohne dass der Mensch zerrissen wird und seine Identität einbüßt.

DIE ZWEI DER BEGEGNUNG: DAS PAAR

Wenn die Zwei nur die Zahl der Spaltung und Entzweiung wäre, hätte sie einen traurigen Klang. Weil es aber die Paarigkeit gibt, weil alles polar gebaut ist und die Geteilten sich suchen und nach Vereinigung verlangen, deshalb bekommt die Zwei auch einen freudigen Charakter.

Schon im Mythos der alten Ägypter werden Himmel und Erde als das Urpaar angesehen. Der Gott Geb (die Erde) und die Himmelsgöttin Nut vereinigen sich und bringen die Königsgötter Isis und Osiris hervor. Obwohl der Luftgott Schu das Weltenpaar getrennt hat, bleiben sie die großen Mächte des Anfangs.

Auch bei den alten Griechen sind die Erdgöttin Gaia und der Himmelsgott Uranos das Schöpfungspaar der frühen Zeit. Himmel und Erde sind zwar getrennt (Atlas muss dafür sorgen, dass der Himmel nicht auf die Erde fällt), aber weil sie sich begegnet sind, weil der zeugende Himmel die Erde fruchtbar gemacht hat, ist das Leben entstanden, kommt Geschichte in Gang, ereignet sich das kosmische Drama.

Plato kennt in seinem »Symposion« den Mythos vom ursprünglichen mann-weiblichen Menschen, vom androgynen Ganzwesen ohne geschlechtliche Differenzierung. Aber der Neid der Götter führte dazu, diesen Urmenschen zu zerteilen, sodass die Menschen jetzt nur noch Hälften sind, die auf der Suche nach ihrer Ergänzung und Entsprechung sind. Eros sorgt dafür, dass die Vereinzelung nicht das Letzte ist und die Liebe diejenigen zusammenführt, die zusammengehören. Die Orphiker sahen den Gott Eros als den Weltenschöpfer an, die Liebe wird die eigentliche Kraft, die alles bewirkt und weiterführt.

So gesehen, ist es gut, dass die Geschlechter verschieden sind. Auf diese Weise üben sie eine Anziehungskraft aufeinander aus, der Mann ist für die Frau verlockend und die Frau für den Mann. »Es müssen alle Zeit zwei Ungleiche zusammenkommen« (Tappius). Die Liebeslyrik aller Jahrhunderte und aller Völker und Kulturen gibt Zeugnis davon, wie viel Sehnsucht und Verlangen, wie viel Seligkeit und Glück die Liebe der Geschlechter den Menschen geschenkt hat, allerdings auch viel Enttäuschung und Leid. Nicht jede Liebe brachte die Erfüllung, hatte die ersehnte Dauerhaftigkeit, und trotzdem bleibt das Liebesverlangen und die Spannung der Geschlechterpaare. »Verschiedenheit dieser Wesen, Zweiheit derselben, wenn ich so sagen darf, ist also die Bedingung der Liebe«, heißt es bei Franz von Baader in seinem Tagebuch. Und in einem Lied des Wolfram von Eschenbach heißt es ganz lapidar:

Zwei Herzen und einen Leib haben wir,
ganz ungeschieden.

Die Suche nach der ersehnten Braut ist auch eines der häufigsten und bestimmendsten Motive der Volksmärchen. Der Held muss weite Reisen wagen, schwierige Abenteuer bestehen und allen Mut aufwenden, um seine Braut zu gewinnen, die oft in einem verzauberten Zustand ist. Hat er sie dann endlich gewonnen, gerät nicht selten der Held in eine schwierige Situation, vergisst seine Braut und verwechselt sie mit einer »falschen Braut«. Erst die durchgehaltene Treue der rechten Braut und ihr kühnes Engagement führen dann dennoch zu einem glücklichen Ende. Sowohl der Mann als auch die Frau müssen also unter Schmerzen einen Reifungsprozess durchleiden, müssen selbständig werden und sich bewähren, damit Vereinigung und wirkliche personale Begegnung möglich werden.

Aber nicht nur die Zweiheit von Mann und Frau ist von Bedeutung, auch die Begegnung mit einem Freund kann zu einer beglückenden Erfahrung werden. Goethe schrieb an Schiller: »Lassen Sie uns, so lange wir beisammen bleiben, auch unsere Zweiheit immer mehr in Einklang bringen.« Das Wort »Einklang« erinnert an die Musik. Und wirklich kann auch das Musizieren dazu beitragen, dass sich Menschen näherkommen. Wilhelm Heinrich Riehl jedenfalls hat das so erfahren: »Zwei Musikfreunde brauchen nur erst einmal etliche Quartette oder Trios schlecht zusammen gegeigt zu haben, dann verstehen sie sich leicht.«

Im Reich der Zwei werden wir durch Hölle und Himmel gejagt. Die Erkenntnis der eigenen inneren Zerrissenheit macht uns Angst (»Zwei Seelen wohnen, ach! in meiner Brust«), der Riss geht aber durch die ganze Schöpfung. Doch es gibt auch die tröstliche Erfahrung, dass alles aufeinander bezogen ist, alles auf ein anderes wartet und dass wir füreinander geschaffen sind.

Es ist nicht gut, dass der Mensch allein sei,
ich will ihm eine Hilfe machen, ihm zum Partner
(1. Mose 2,18).

Die Hoffnungsbotschaft der Zwei hat Friedrich Rückert so ausgesprochen:

> Wenn Zwietracht Eintracht wird und Einfalt das Zwiefalte,
> Dann wird der Schaden heil am alten Weltzwiespalte.

Die Drei

Liebe, menschlich zu beglücken,
nähert sie ein edles Zwei,
doch zu göttlichem Entzücken
bildet sie ein köstlich Drei.

So hat es Goethe gedichtet. War die Zwei geprägt von einer seltsamen Ambivalenz, so neigt die Drei zur Harmonie und zur Zusammenschau des Ganzen. Es ist unglaublich, welche Faszination von der Dreizahl ausgeht. Die Zwei lässt noch offen, die Drei rundet ab, sie setzt einen Schlusspunkt, macht eine Sache »rund und richtig«. »Tria est numerus perfectus«, die Drei weist auf die Vollkommenheit hin; erst was sich in der Trias fassen lässt, kann in sich ruhen, ist ein abgeschlossenes Ganzes. »Omne trinum perfectum«, daraus wurde unser »Aller guten Dinge sind drei«.

DIE DREI DER GANZHEIT

Was macht den besonderen Reiz und die Anziehungskraft dieser Zahl aus? Sie vermittelt den Eindruck einer organischen Entfaltung des Ganzen, die differenzierte Gestalt einer Einheit faltet sich aus, ohne zu zersplittern und zu zerfasern. Vermutlich ist es die Tatsache, dass wir dreidimensionale Wesen sind, die zu dieser Betonung der Drei geführt hat. Erst was Länge, Breite und Tiefe bekommt, hat einen räumlichen Charakter und kann mit unseren Sinnen wahrgenommen werden. Die Drei wird zu einem ordnenden Strukturelement, um die Wirklichkeit begreifen und beschreiben zu können.

Dazu kommt, dass die menschliche Begegnung, das Zusammenfinden von Mann und Frau, als Frucht das Kind hervorbringt. Vater – Mutter – Kind, das ist die Urdreiheit der Familie, sie garantiert das Weiterleben der Menschheit. So wird also die Drei zum Lebens- und Fruchtbarkeitszeichen, sie hat eine eigene Dynamik, obwohl sie in sich ruht.

In den verschiedensten Kulturen spielen die Triaden und Trinitäten eine wichtige Rolle. Der Kosmos wurde meist triadisch verstanden: Himmel – Erde – Meer, das waren die Elemente des Weltganzen. In Ägypten wurde als dritter Bereich neben Erde und Himmel die Unterwelt (Duat) angenommen, der Nachtbereich. Die vom Christentum geprägte Kosmologie unterschied Himmel – Erde – Hölle. Und noch in Dantes *Divina Comedia*, die ganz vom Geist der Dreiheit bestimmt ist, was noch in der Wahl des Versmaßes, der Terzinen, erkennbar wird, ist die Dreigliederung Inferno – Purgatorio – Paradiso die poetische Grundform.

Auch die Götter hat man in verschiedenen Kulturen als Dreiheiten aufgefasst. Die hinduistische Drei-Einigkeit wurde als Brahma – Vishnu – Shiva verehrt, Brahma ist dabei die erste Person, die alles erschafft, Vishnu die zweite Person, die bewahrt und erhält, während Shiva der furchtbare Vernichter von allem ist. Das alte Ägypten kannte mehrere Dreifaltigkeiten, die im Laufe der langen Geschichte verehrt wurden. So wurde in Theben der Hauptgott Amun verehrt, seine Gemahlin Mut und ihr Sohn, der Mondgott Chons. Als Dreiheit wurden auch Osiris – Isis – Horus verstanden, aber auch Amun – Re – Ptah. Noch in Goethes Faust II wirken die altgriechischen Vorstellungen von einer Dreifaltigkeit weiblicher Göttinnen nach:

> Du! droben ewig Unveraltete,
> Dreinamig-Dreigestaltete,
> Dich ruf ich an bei meines Volkes Weh,
> Diana, Luna, Hekate!

Auffällig ist, dass Göttinnen häufig in triadischer Gestalt erscheinen. Die griechische Mondgöttin wird als »dreigesichtige Selene« angerufen, weil die drei Mondphasen (den Neumond hat man nicht als Phase betrachtet) als drei Gesichter gesehen wurden, als Ausdruck eines dreifachen Menstruationszyklus. Hekate, ursprünglich die Hauptgöttin in Kleinasien, hat man als Herrin von Erde, Meer und Himmel verehrt. Auch sie hat man sich als dreigestaltig gedacht, ihr Beiname war »Trioditis«, die Göttin der »Dreiwege«. Später hat man nicht selten drei Göttinnen zusammengesehen, sie zu einer dreigestaltigen Gottheit gemacht. Hekate wurde mit Artemis und Selene zusammengebracht, sie wurden als Helferinnen bei Geburtswehen und Beschützerinnen der Menschenkinder verehrt. Auch Aphrodite – Artemis – Hekate wurden zu einer göttlichen Triade gefügt, manchmal wurde auch Persephone (die Unterweltsgöttin) mit Hekate in Verbindung gebracht. In vieler Hinsicht ist die Dreizahl dabei sprechend: Einmal betrifft es die Lebensalter: Mädchen – Frau und Mutter – alte Weise, dann aber auch die Zyklen der Jahreszeiten: Frühjahr – Sommer – Herbst. Drei Farben sind der triadischen Göttin zugeordnet: Als weiße Göttin beherrscht sie den Frühling mit seinen Blumen, als rote Göttin bringt sie sommerliche Frucht, als schwarze Göttin ist ihr der Bereich des Todes und der Wandlung anvertraut.

TRINITARISCHE DYNAMIK

Die größte Wirkungsgeschichte hatte allerdings die Trinitätslehre des Christentums. Auch wenn sie erst in frühchristlicher Zeit theologisch-dogmatisch formuliert wurde (im 4./5. Jahrhundert), geht sie doch auf biblische Zeugnisse zurück (zum Beispiel auf den Taufbefehl Matthäus 28,19). Gott-Vater wird als der Ursprung des Seins und Schöpfer des Alls verehrt. Der Sohn (Logos im Prolog des Johannesevangeliums) ist der Heilbringer und Erlöser, der auf die Erde kommt, um die Kunde vom Vater zu bringen und durch sein Opfer am Kreuz die Welt mit Gott zu versöhnen. Der Heilige Geist ist der Tröster und Erneuerer, der mit seinen sieben Gaben die Herzen verwandelt und sie für das Vollwerden der Welt bei der Wiederkunft Christi bereitet.

Auch das innergöttliche Leben wurde als trinitarische Dynamik verstanden. Das Wesen des Vaters ist Liebe, so zeugt er in der Ewigkeit den Sohn. Das »Liebesgespräch« von Vater und Sohn wird zum Heiligen Geist, der als das Hin- und Herweben des göttlichen Dialogs gedeutet wird. – Da die Kirche im ersten Jahrtausend eine figürliche Darstellung der Dreifaltigkeit in der Kunst nicht erlaubt hat (um nicht die Vorstellung von drei Göttern aufkommen zu lassen), war man darauf angewiesen, das Trinitätsgeheimnis durch Symbole anzudeuten. Vor allem die Bilder von der Taufe Jesu im Jordan und von der Verklärung dienten dazu. Der Vater wurde nur durch die Hand angedeutet, die aus der Wolke (der göttlichen Verborgenheit und Vorbehaltenheit) herausragt, der Sohn Jesus Christus wird in menschlicher Gestalt abgebildet, der Heilige Geist in Gestalt einer Taube, die über dem Haupt Jesu schwebt, oder als Siebenstrahl aus der Gestalt Jesu bei den Verklärungsbildern. – Eine besondere Tiefe hat das Trinitätsbild in dem Codex »Sei vias« der Heiligen Hildegard von Bingen. In der Mitte ist Christus in menschlicher Gestalt abgebildet, er kommt aus dem göttlichen Kreis des ewigen Vaters, ist das Sichtbarwerden der väterlichen Liebe. Dazwischen ist eine Aura der wehenden Verbindung angedeutet: der Heilige Geist, das Person gewordene Liebeswort zwischen Vater und Sohn.

Man sollte nicht meinen, der christliche Trinitätsgedanke sei eine projektive Entfaltung des Männlichen, mit dem Gottesgedanken sei selbstverständlich die Vorstellung von einem »männlichen Gott« verbunden. In der frühen Christenheit (vor allem in den gnostischen Gemeinschaften) wurde meist das Heilige Pneuma als das weibliche Element der Gottheit verstanden. Im »Apokryphem des Johannes« heißt es: »Ich bin der Eine, der immer bei dir ist. Ich bin der Vater, ich bin die Mutter, ich bin der Sohn.« Hier wird also ganz unbefangen von der Mütterlichkeit Gottes gesprochen.

Von der Bedeutung des Trinitätsgedankens in Theologie und Frömmigkeit her ist es zu verstehen, dass im Mittelalter der Dreizahl und der Dreierstruktur eine so große Bedeutung beigemessen wurde. Man argumentierte so: Gott, der Schöpfer der Welt und des Menschen, ist ein trinitarischer Gott, er hat sich uns als der Dreifältige geoffenbart. Nun sagt uns die Bibel (1. Mose 1,26), dass der Mensch nach seinem Bild und Gleichnis geschaffen worden ist; dann müssen sich die Spuren dieses dreipersonalen Gottes auch im Menschen finden, er muss triadisch »gebaut« sein.

Dass sich auch in anderen Kulturen, in den Mythen, Religionen, Philosophien eine Vorliebe für die Dreizahl findet, erklärte man sich damit, dass auch diese Versuche einer Weltdeutung auf die dem Menschen eingezeichneten Grundstrukturen des Schöpfers zurückgehen. Es gibt – neben der ausdrücklichen Offenbarung im Alten und Neuen Testament – auch die Spuren des »logos spermatikos«, der ausgestreuten Uroffenbarung, die in der Schöpfung selbst zu finden sind.

DIE DREI DER ORDNUNG

Hat man die Welt (als Makrokosmos) als Dreiheit von Himmel – Erde – Unterwelt zu deuten versucht, so die mikrokosmische Entsprechung, den Menschen, als Dreiheit von Leib – Seele – Geist. Und das seelische Leben wurde noch einmal untergliedert als Trias von Verstand (Intellekt) – Gemüt (Reich der Affekte) – Wille. Alles muss zur Drei werden, damit es begriffen und gedeutet werden kann. Die großen Lebensphasen des Menschen sind: Kindheit – Erwachsenenalter – Greisenalter. Oder man ordnet: Geburt – Dasein – Tod, man spricht vom Werden – Sein – Vergehen. Damit ein Mensch recht lebt, muss er Kopf – Herz – Hand zu einer lebendigen Einheit bringen, so hat es Pestalozzi gelehrt, er braucht Einsicht – Gefühl – Handlungsbereitschaft.

Schon der Mythos hat immer wieder mit der Dreizahl und den Dreipersonen oder Dreigöttern operiert. Die drei Moiren (Klotho, Lachesis, Atropos) bestimmen als die Schicksalsspinnerinnen den Lebenslauf der Menschen; die Horen (Thallo, Auxo und Karpo) bestimmen als die Stundengöttinnen die drei Phasen des Lebensbeginns, des Wachstums und des Erntens; des Heraufkommens, des Zur-Blüte-Kommens, des Fruchttragens. Die Chariten oder Grazien (Aglaia, Euphrosyne, Thaleia) gewähren die göttliche Gunst und stellen die besondere Hilfestellung der Götter dar.

Bei Aristoteles symbolisiert die Drei das Ganze der Welt, Kosmologie und Anthropologie sind von Triaden bestimmt. Alles hat Anfang, Mitte und Ende, die Zeit wird gefasst und verstehbar als Vergangenheit, Gegenwart und Zukunft. Für Plato bilden das Wahre, das Schöne und das Gute eine Einheit, es gibt das Eine nicht ohne das Andere, sie sind geradezu austauschbar. Noch Albertus Magnus, einer der Großmeister der Hochscholastik, war der Überzeugung, dass »die Drei in allen Dingen erscheint und die Trinität der Naturphänomene bedeutet«.

So wird es verstehbar, dass die Dreiheit auch das Alltagsleben und den Jahreslauf des Christen bestimmt. Glaube – Hoffnung – Liebe sind die göttlichen Tugenden, die aufeinander bezogen sind und als verbundene Einheit im Christenleben verwirklicht werden sollen. Dabei ist die Hoffnung die zukunftsgerichtete Gestalt des Glaubens, die Liebe die Vollendungsgestalt des Glaubens. Und wenn es der Christ ernst nimmt mit seinem Glauben, dann wird er sich mühen um Gebet – Fasten – Almosengeben, er wird also im betenden Gespräch mit seinem Gott sein, wird sich durch Askese in Zucht nehmen und durch aktive Nächstenliebe dazu beitragen, aus seiner Ich-Verfangenheit herauszukommen. Drei hohe Feste bestimmen den Jahresverlauf: Weihnachten – Ostern – Pfingsten (wobei man allerdings bedenken muss, dass eigentlich Epiphanias auch zu den Hochfesten zählt).

DREIERREGEL IM MÄRCHEN

In überwältigender Fülle kommt die Dreizahl in den Märchen vor. Oft wird von drei Brüdern oder drei Schwestern erzählt, wobei in aller Regel dem (oder der) dritten die ganze Liebe und Sympathie des Erzählers gehört. Die beiden Älteren sind die Begabten, die mit besonderer Liebe Umhegten, von denen man große Dinge erwartet und die zu großen Taten vorherbestimmt scheinen. Das dritte Kind ist der Dümmling, der Träumer, die Schlafmütze oder der Faulpelz. Er scheint von Natur aus schlecht weggekommen, von ihm kann man nichts erwarten, eigentlich ist er ein Nichtsnutz. Aber im Laufe der Märchenhandlung kehren sich die Dinge um: Die vielgelobten Ältesten versagen, weil sie nur auf ihre Klugheit oder Kraft vertrauen, aber wenig Intuition haben, sich in andere nicht einfühlen können und die Gabe der List nicht mitbekommen haben. Der dritte dagegen hat das Herz auf dem rechten Fleck, er fühlt mit den Tieren, kann offen und ehrlich sein, ist auch bereit, sich helfen zu lassen, während die hochmütigen Brüder jeden Beistand ablehnten. So kommt es, dass gerade der dritte zum Ziel kommt, die erlösende Tat vollbringt und zum Schluss König wird oder die ersehnte Prinzessin heiraten kann.

Aber auch in der Märchenhandlung selbst wird immer wieder die Dreierregel angewendet: Dreimal muss sich der Held bewähren, zum Beispiel muss er dreimal Tiere retten, wobei auffällt, dass es häufig Landtiere, Lufttiere und Wassertiere sind (vgl. »Die Bienenkönigin«, »Die drei Sprachen«). Drei Aufgaben sind zu erfüllen, dabei erweisen sich häufig drei Zauberdinge als hilfreich: ein Unsichtbarkeitshütchen, die Siebenmeilenstiefel oder ein fliegender Teppich und eine Verwandlungsrute. Drei Nächte muss der Held aushalten, sich quälen und foltern lassen, bis das Schloss und die

Prinzessin erlöst sind. Drei Rätsel müssen gelöst werden, um den Widerstand der eheunwilligen Prinzessin zu überwinden. Drei Dinge helfen bei der magischen Flucht, oft sind es Kamm, Bürste und Spiegel, die dann zu Gebirgen, dichten Wäldern und Seen werden. Drei Blutstropfen der Mutter in einem Tüchlein schützen die Tochter; gehen sie verloren, dann ist die Prinzessin ihrer schlimmen Magd und Rivalin hilflos ausgeliefert (»Die Gänsemagd«). Auf seiner Suchwanderung muss der Held drei Reiche durchschreiten oder drei Stationen hinter sich bringen; oft sind es jenseitige Bereiche, eine kupferne, eine silberne und eine goldene Dimension, die durchwandert werden und in denen der Märchenheld reift und die Kraft für die künftigen Aufgaben bekommt. Dreifach wird er eingeweiht, um würdig zu werden, das Erlösungswerk zu vollbringen.

Auch die Erzählstruktur des Märchens ist meist dreiteilig: Die Ausgangssituation ist durch eine Not bestimmt, eine Krankheit oder einen Mangel. Der zweite Faktor ist die Bereitschaft zum Abschied, zur Reise und zum Wagnis; eine Lösung muss gesucht, ein Abenteuer bestanden werden. Der dritte Schritt ist die Lösung, der Sieg über den drohenden Feind, die erlösende Tat. Nun ist der Mangel behoben, die Heimkehr kann angetreten oder der neu errungene Bereich kann jetzt zur Heimat werden.

Ebenso ist die Figurenkonstellation meist dreigestaltig: Da gibt es einen Auftraggeber (der König oder der Vater), im Mittelpunkt steht der Beauftragte, der Märchenheld, der eigentliche Protagonist. Und zu Hilfe kommt ihm der geheimnisvolle Helfer, der magische Beistand, ein Tier, eine alte weise Frau, ein Einsiedler oder ein anderer alter Mann, ein Zwerg.

DIE DREI ALS SCHLÜSSEL

Wer die Drei versteht, der versteht die Welt, so könnte man die Weisheitslehrer der verschiedenen Zeiten und Kulturen zusammenfassen. Es ist die Deutezahl schlechthin. So heißt es im Tao-te-king des Laotse: »Das Tao erzeugt die Einheit, die Einheit erzeugt die Zweiheit, die Zweiheit erzeugt die Dreiheit – die Dreiheit erzeugt alle Dinge.«

Während die Zwei noch linear ist, gewissermaßen zweidimensional, gewinnt die Drei räumlichen Charakter. Das Dreieck hat einen dynamischen Charakter, die Spitze weist in eine Richtung, eine Bewegung wird erkennbar. Der Dreiertakt des Walzers fängt die Tänzer mit seinem dynamischen Schwung ein. Aber die Drei setzt auch in Beziehung, das Dreieck ergibt eine Spannung. Ein »Dreiecksverhältnis« kann sich auch als belastende Schwierigkeit erweisen, weil Entscheidungen anstehen und das Gleichgewicht gestört sein kann.

Wer dagegen »nicht bis drei zählen kann«, der ist ein Dummkopf, er hat sein Denken nicht entwickelt, kann mit Zahlen nicht umgehen, deshalb kann er auch die Welt nicht begreifen. Und wer nicht »drei Heller wert« ist, der muss ein Schlimmer sein, ein Nichtsnutz, von dem nichts zu erwarten ist.

Wenn man eine kurze Zeit kennzeichnen will, dann heißt es: »Ehe man auf drei zählen kann«, das ist ein Nu, so schnell geht es vor sich. Umgekehrt können drei Mitwisser in Windeseile eine Nachricht (oder ein Gerücht) weiterverbreiten: »Was drei wissen, das erfahren hundert.« Und wer einen riesigen Hunger hat, der möchte »für drei« essen, vielleicht musste er auch »für drei arbeiten«.

Ganz selten wird die Drei auch in einem negativen Verständnis eingesetzt. »Wo drei sind, da muss allwegen einer der Narr unter ihnen sein«, sagt das Sprichwort; ähnlich lautet es so: »Wenn zu Hof zween Zusammenhalten, so ist der Dritt ihr Narr.« Hier wird also der Zweisamkeit, der freundschaftlichen Partnerschaft der Vortritt gelassen, der Dritte stört hier nur und wird als gemeinsame Zielscheibe des Spottes dem Gelächter ausgesetzt. In anderer Version heißt das Sprichwort: »Können zwei sich vertragen, hat der dritte nichts zu sagen.« Das gut eingespielte Duo empfindet den dritten als Störenfried.

Wo es die hohe, lichte Trinität gibt, da etabliert sich auch eine dunkle »Gegentrinität«, es ist häufig auch von dämonischen Triaden die Rede. Und im übertragenen Sinn gibt es dann auch Dreiergruppen, die sich als unheilvoll betätigen. Im Faust II nennt Goethe einmal eine solche böse Trinität:

Krieg, Handel und Piraterie,
Dreieinig sind sie, nicht zu trennen.

Das aber sind Ausnahmen, die die Regel bestätigen: Die Dreiheit ist das Vollkommene. Bei der magischen Beschwörung musst du es dreimal sagen, damit es wirkt, dreimal wird das Los geworfen, dreimal bekommt einer eine Chance, wobei die dritte die entscheidende ist. Und weil in der Drei gewissermaßen alle Zahlen enthalten sind, deshalb konnte Friedrich Rückert dichten:

Dreimal mit dem weißen Kleide
Nahte Mutter deinem Bette:
Dreimal deine Schlummerstätte
Hüllte sie mit grüner Seide.

Dreimal nach des Winters Tosen
Kamen Schneeglock und Violen
Aus dem Bett dich abzuholen:
Fragten an mit süßem Kosen
Ob dein Schlummer nie verfliege.

Dreimal zu dreihundert Malen
Kam der Mond und kam die Sonne.

Dreimal hat des Zefirs Wehen
Leise wiegend dich umgaukelt:
Dreimal hat, der stärker schaukelt,
Boreas ihn heißen gehen.

Die Vier

Die Zahlensymbolik hat ihre eigene Logik, mit dem herkömmlichen Denken und Schlussfolgern kommen wir nicht weit. Eben haben wir noch gehört, dass die Drei die »perfekte Zahl« sei, die alle Dinge abrundet und sinnvoll strukturiert. Und nun wird uns gesagt, die Vier sei eine Ganzheitszahl und repräsentiere die Ordnung der Welt. Die Vier müssen wir offensichtlich aus einem anderen Blickwinkel betrachten, sie eröffnet uns neue Zugänge zur Wirklichkeit der Welt.

Bis drei konnten offenbar die Menschen schon in der Frühstufe ihrer Kulturen zählen, dann aber wurde es schwierig. Bis heute gibt es Stämme, die zählen: »Eins, zwei, drei, viele.« Was über die Drei hinausgeht, ist nur noch als Vielzahl zu fassen, aber nicht mehr genau abzählbar. Bedeutsam ist aber dabei, dass Menschen, die nicht weit zählen können, trotzdem ein Gefühl für Mengen haben. Ein Hirte merkt sofort, wenn ihm ein Tier seiner Herde abhandengekommen ist, obwohl er die Tiere nicht abzählt. Dieses »Sensorium« ist für ihn wichtiger als die genaue Rechenkunst.

DIE ZAHL DER WELT

Die Vier ist eine Zahl des Irdischen, eine Deutezahl unserer Welt.

Vier Elemente
innig gesellt
bilden das Leben
bauen die Welt,

heißt es bei Friedrich Schiller. Nach der antiken Kosmologie sind es vier Elemente, aus denen alles besteht, nur die jeweilige Zusammensetzung führt dazu, dass sich die Dinge unterscheiden. Alle vier zusammen ergeben das Ganze. Will man die Welt kennenlernen, dann muss man die vier Straßen wandern, in alle vier Himmels- richtungen, da wo die vier Winde her wehen, bis man zu den vier Enden der Welt kommt. Es ist also nicht die Drei allein, die sich als Ordnungs- und Strukturelement heranziehen lässt, sondern auch die Vier. Das Quadrat ist der Inbegriff des Geordneten und Festge- fügten. Es geht von ihm zwar keine besondere Dynamik aus, da- für ist es aber verlässlich und beständig. Deshalb bauen wir unsere Häuser ja auch meist auf einem quadratischen Grundriss oder ei- ner rechteckigen Basis. Die gewaltigsten Bauwerke, die Menschen- hand jemals errichtet haben, die Pyramiden, haben ebenfalls das Quadrat als Grundlage. Die Forscher staunen heute noch, mit wel- cher Exaktheit diese Kolosse aufgebaut worden sind, die Basis ist so genau berechnet, dass bei der Cheopspyramide, die eine Seiten- länge von 230 Metern hat, die Niveauschwankungen nur wenige Millimeter ausmachen. Es muss den Ägyptern ungeheuer wichtig gewesen sein, ein absolut verlässliches Quadrat als Grundlage des Königsgrabes zu bekommen.

DIE HEILIGE VIER

Früh muss die Vier auch als heilige Zahl entdeckt worden sein. Vor allem die Pythagoreer haben sie als heilige Tetraktys, als »Vierfaltig- keit«, verehrt. So wurde sie kultisch besungen:

Gnad uns, gepriesene Zahl,
die du Götter und Menschen gezeugt,
heilige Vielfältigkeit du,
die der ewig strömenden Schöpfung Wurzel enthält und Quell
Denn es geht die göttliche Urzahl
aus von der Einheit Tiefen, der unvermischten,
bis dass sie kommt zu der heiligen Vier.

Wie kamen die Pythagoreer dazu, ausgerechnet die Vier so hoch zu ehren und ihr göttliche Qualität zuzusprechen? Die Addition der vier ersten Zahlen unserer Zahlenreihe ergibt zehn:

$$1 + 2 + 3 + 4 = 10$$

Weil für sie das Dezimalsystem gültig war, die zehn Zahlen also das Ganze enthalten, gleichsam die Gesamtwirklichkeit, deshalb staunten sie, dass die Summierung der ersten vier Zahlen diese Zehn der Fülle ergibt.

Auch die Mondbeobachtung hat wohl dazu beigetragen, die Vier als zeitliche Orientierungs- und Ordnungszahl zu entdecken. Vier Phasen ließen sich beobachten: der Neumond, der zunehmende Mond, der Vollmond und der abnehmende Mond, wobei allerdings zu bedenken ist, dass die ältesten Mondkalender nur drei Phasen kennen, der Neumond wird nicht als eigene Phase angesehen.

Eine Vierfaltigkeit kennt auch das alte Ägypten: Chnum, der ägyptische Schöpfergott, hat nicht nur eine Erscheinungsweise, er zeigt sich als der Vierfache, sein Wesen wird kund als der Ba (die geistige Kraft), als der Himmelsgott Re, als Geb (die Erde) und als Osiris (die Unterwelt).

Die Römer mit ihrem Ordnungssinn hatten eine Vorliebe für die Zahl Vier, was zum Beispiel ablesbar ist an der quadratischen Struktur ihrer Städte. »Roma quadrata« war von zwei Achsen durchzogen, so war es eine viergeteilte Stadt und hatte deshalb »Quartiere«, das heißt Stadt-Viertel. Viele Städte waren nach diesem Muster gebaut, die klassische antike Stadt hatte deshalb vier Tore, in alle Himmelsrichtungen eine.

Auch in der Bibel ist es auffällig, wie häufig die Vier Bedeutung bekommt. Das beginnt schon mit der Paradiesgeschichte. Dieser Wonnegarten des Ursprungs muss viereckig vorgestellt werden.

Ein Fluss entspringt in der Mitte und fließt von dort in alle Richtungen, bewässert den Garten. So entsteht ein Mandala, dessen Mitte vom lebenspendenden Wasser gebildet wird. Das »heilige Viereck« ist der unverdorbene Ursprungsort, hier geht noch kein Riss durch die Schöpfung, es gibt noch keine Sünde und keine Schuld, es gibt auch keinen Tod.

In der Ezechiel-Vision (Kapitel 10) schaut der Seher ein vierfaches Wesen, die Keruben mit ihren Rädern, die in alle Richtungen eilen können; vier Gesichter haben sie: ein Menschenantlitz, ein Löwengesicht, ein Stierhaupt und einen Adlerkopf. Auch hier wird etwas von Gottes Präsenz und Wirksamkeit angedeutet: Er kann sich auf ganz verschiedene Weise darstellen, er kann in alle Richtungen wirksam werden. In der christlichen Tradition (und der christlichen Kunst) werden aus den »vier Wesen« die Symbolgestalten der vier Evangelisten: Matthäus bekommt das Menschenantlitz zugeordnet, Markus den Löwen, Lukas den Stier und Johannes den Adler. Man muss allerdings bedenken, dass die vier Wesen nicht in erster Linie Ausdruck der Eigenart der Evangelisten sein sollen, sondern des Christusbildes ihrer Evangelien. Deshalb findet man in den mittelalterlichen Codices mit den Bibelhandschriften zu Beginn eines Evangeliums meist den jeweiligen Evangelisten mit seinem Symbol abgebildet, aber es steht darüber: »Imago leonis« oder »Imago aquilae«. In diesem »Bild« kommt etwas von der besonderen Eigenschaft des Christus in dem Evangelium zum Ausdruck.

Aber schon im Alten Testament gibt es noch ein bedeutsames Phänomen. Der Gottesname Jahwe durfte nicht ausgesprochen werden, er wurde aber mit den vier Buchstaben Jod, He, Waw und He aufgeschrieben (die Hebräer hatten damals noch keine Vokalzeichen, sie schrieben also nur mit Konsonanten). Dieses Vierbuchstabenwort (»Tetragrammaton«) hatte deshalb eine besondere Heiligkeit.

Das größte Erlösungszeichen der Christenheit ist das Kreuz, dessen Balken in vier Richtungen weisen. Schon bei den Kirchenvätern finden wir eine vielfältige Symbolik des Kreuzes, wobei die vier Erstreckungen jeweils besonders betont werden. Das Kreuz wurzelt in der Erde wie ein Baum, aber es ragt in den Himmel hinein, bildet gleichsam eine Brücke zum Himmel, es versöhnt den Himmt mit der Erde. Die seitlichen Erstreckungen weisen nach den anderen Richtungen. Der am Kreuz Hängende breitet seine Arme aus, um die Menschen zu umfangen und sie zu einer heiligen Gemeinschaft zu einen.

So ist das Kreuz im Verständnis der frühen Christen nicht nur das Todeszeichen gewesen, das Marterholz und der Schandpfahl, sondern immer auch das Lebenszeichen, der Baum mit kostbarer Frucht, das Symbol der Vereinigung: Alle Richtungen kommen im Kreuzzeichen zusammen, finden dort eine Mitte. Und von dieser Kreuzmitte geht eine Kraft aus und strömt – wie die Paradiesflüsse – in alle Richtungen.

Ein Predigttext von Hippolyt, einem Theologen des beginnenden dritten Jahrhunderts, kann verdeutlichen, wie das frühe Christentum das Kreuz sah: als großes kosmisches Zeichen, das Himmel und Erde verbindet und die ganze Welt umfasst.

»Dieser himmelsweite Baum ist von der Erde empor zum Himmel gewachsen. Unsterbliches Gewächs, reckt es sich auf zwischen Himmel und Erde. Er ist der feste Stützpunkt des Alls, der Ruhepunkt aller Dinge, die Grundlage des Weltenrunds, der kosmische Angelpunkt. Er fasst in sich zur Einheit zusammen die ganze Vielgestalt der menschlichen Natur. Von unsichtbaren Nägeln des Geistes ist er zusammengehalten, um sich aus seiner Verbindung mit dem Göttlichen nicht zu lösen. Er rührt an die höchsten Spitzen des Himmels und festigt mit seinen Füßen die Erde, und die weite mittlere Atmosphäre dazwischen umfasst er mit seinen unermesslichen Armen.«

Wenn wir uns hinstellen und die Arme nach den Seiten ausstrecken, dann bilden wir auch ein Kreuz, die vier Erstreckungen nach oben und nach unten und die nach den beiden Seiten können wir unmittelbar nachvollziehen. Maximus von Turin, der um 400 gelebt hat, fordert deshalb die Christen auf:

»Der Mensch, wenn er daher schreitet, wenn er seine Arme erhebt: er beschreibt ein Kreuz, und darum sollen wir mit ausgespannten Armen beten, damit wir selbst mit der Haltung unserer Glieder das Leiden des Herrn nachahmen.«

VIERERSTRUKTUR

Wird die Bedeutung der Vier erst einmal entdeckt, dann ergeben sich immer weitere Entdeckungen. Vier Kardinaltugenden soll der Mensch üben, damit er das in ihm angelegte Potenzial recht zur Entfaltung bringen kann, so haben es Plato und Aristoteles gelehrt: Klugheit, Tapferkeit, Zucht und Maß und Gerechtigkeit. Und wer sich selbst kennenlernen will, der muss sehen, welches Temperament er hat, ob er also ein Sanguiniker ist, ein Choleriker, ein Phlegmatiker oder ein Melancholiker. In der Antike glaubte man, diese Einteilung von der Beschaffenheit des Blutes und der Galle ablesen zu können. Das befriedigt uns heute wenig, aber trotzdem hat sich die Temperamentenlehre – allen neueren Ansätzen einer anders orientierten Typenlehre zum Trotz – bis heute erhalten.

Carl Gustav Jung, der Begründer der Analytischen Psychologie, hat eine andere Typologie eingeführt, die dazu beitragen soll, wesentliche Charakterzüge von Menschen unterscheiden zu können. Er spricht von verschiedenen Bewusstseinsfunktionen, die zwar alle ihre Bedeutung für den Menschen haben, aber in verschiedener Intensität ausgebildet sind. Auch Jung nimmt eine Vierzahl an:

1. Das *Denken* als das Erkennen von begrifflichen Zusammenhängen, die Denkarbeit logischer Schlussfolgerung, um die Gege-

benheiten der Welt verstehen und die konsequenten Schlüsse daraus ziehen zu können. Kriterien sind, ob etwas wahr oder falsch ist.

2. Das *Fühlen* trägt zur Bewertung des Erkannten bei, ob es angenehm oder unangenehm betrachtet werden soll, ob es angenommen oder abgewehrt werden kann. Kriterien sind, ob das Wahrgenommene Lust oder Unlust hervorruft.

3. Die *Empfindung* kann die Wirklichkeit nehmen, wie sie ist; sie vermittelt den Sinn für die Realität, wobei aber nicht die analysierende Vernunft maßgeblich ist, sondern die unmittelbare Wahrnehmung.

4. Die *Intuition* ist auch ein Wahrnehmungsorgan, ist aber nicht auf die Sinne angewiesen, sondern funktioniert als inneres Ahnungsvermögen. Der innere Sinn eines Geschehens kann aufgenommen werden, und seine Auswirkungen tragen unmittelbar zu einer Klärung bei.

Die beiden ersten psychischen Tätigkeiten haben eine rationale Funktion, die beiden letzten eine irrationale. Differenzieren lassen sich diese psychologischen Typen – Jung nimmt einen »Denktyp«, einen »Fühltyp«, einen »Empfindungstyp« und einen »Intuitionstyp« an –, wenn man jeweils noch eine extrovertierte (nach außen gewendete) oder eine introvertierte (nach innen gewendete) Veranlagung annimmt. Auf diese Weise kommt man nicht nur zu einer Vierergruppe von psychologischen Typen, sondern zu einer Achtergruppe.

Wenn wir die Welt betrachten, dann können wir eine vierfache Gliederung der Daseinsformen beobachten: die leblose Welt des Mineralischen, die belebte Welt der Pflanzen, die differenzierte Tierwelt und die Welt des geistbeseelten Menschen. Und wenn wir uns die menschliche Existenz anschauen, dann lässt sich da auch eine physische Form der Existenz nachweisen, eine Ebene der trieborientierten Lebensvorgänge, die Ebene der Ichbewusstheit und die geheimnisvolle Ebene der personalen Besonderheit, die Zone des unverwechselbaren Namens, wo die Entscheidungen getroffen und die Verantwortlichkeiten übernommen werden.

In der Schweiz sagt man, zu einem glückseligen Leben gehörten vier Dinge:

ein gnädiger Gott,
ein gesunder Leib,
ein frommes Weib
und ein seliger Tod.

Ein mittelalterlicher Spruch besagt, dass zu einer guten Haushaltung gehöre, vier Pfennige zu besitzen: einen Zehrpfennig, einen Ehrpfennig, einen Wehrpfennig und einen Notpfennig.

Der Zehrpfennig ist für die tägliche Haushaltung nötig, der Ehrpfennig ist die Gabe für den Bedürftigen und Armen, wenn er an die Tür klopft, der Wehrpfennig muss dem König abgeliefert werden, damit er das Land verteidigen kann, und der Notpfennig muss in den Spartopf gesteckt werden für den Fall, dass Unglück über die Familie kommt.

Im westlich-östlichen Divan hat Goethe die arabische Überlieferung von den vier Gnaden sich so angeeignet:

Dass Araber an ihrem Teil
Die Weite froh durchziehen,
Hat Allah zu gemeinem Heil
Der Gnaden vier verliehen.

Den Turban erst, der besser schmückt
Als alle Kaiserkronen;
Ein Zelt, das man vom Orte rückt,
Um überall zu wohnen;

Ein Schwert, das tüchtiger beschützt
Als Fels und hohe Mauern;
Ein Liedchen, das gefällt und nützt,
Worauf die Mädchen lauern.

Und Blumen sing ich ungestört
Von ihrem Shawl herunter;
Sie weiß recht wohl, was ihr gehört,
Und bleibt mir hold und munter.

Und Blum' und Früchte weiß ich euch
Gar zierlich aufzutischen;
Wollt ihr Moralien zugleich,
So geb ich von den frischen.

Selbst die Moral muss also auf poetische Weise vermittelt werden, sie muss »durch die Blume« gesagt werden. – An anderer Stelle besingt Goethe die Liebe, den Wein, den Kampf und den poetischen Lobpreis des Schönen als die wahren vier Elemente.

DAS MANDALA

Wenn die Vier und das Quadrat die ganze Welt darstellen, vor allem die geordnete Welt, dann ist es naheliegend, den Tempeln, den Kirchen und Altären eine viereckige Form zu geben. Der Inbegriff eines versammelnden Gevierts ist wohl ein klösterlicher Kreuzgang, der in seiner Mitte oft noch einen Brunnen hat, also ein geradezu klassisches Mandala darstellt. Der betende und schreitend meditierende Mönch umschritt die lebenspendende Mitte, ging getrost das Viereck aus in der Hoffnung, auch einmal die wahre Mitte, den Herzbereich Gottes, das himmlische Reich, zu erlangen.

Es ist nötig, etwas ausführlicher auf das »Mandala« einzugehen, weil es nicht nur im indischen und tibetischen Raum häufig auftauch, sondern auch in Indonesien (da gibt es ein riesiges gebautes Mandala in Burubudur), aber in gewandelter Form auch bei den Indianern Nordamerikas und in tausend Variationen in Europa. Unter einem Mandala versteht man einen magischen Kreis, er hat seine Bedeutung als Hilfe bei der Meditation und Kontemplation. Weil es aber im Grunde eine Kombination von Kreis und Viereck (gewissermaßen eine Quadratur des Kreises) darstellt, hat es eine Beziehung zur Vier.

Man kann das Mandala als »Kosmogramm« verstehen, als symbolhafte Verdichtung des Universums, aber auch als »Psychogramm«, als Zeichen der Personwerdung des Menschen. Es wird von außen nach innen meditiert, der Meditierende ist also zunächst außerhalb des Kreises, der meist als Feuerkreis gemalt wird. Hat er diese Feuerzone durchschritten, kommt er in einen Bereich, der von Lotosblättern bestimmt ist, als Ausdruck einer möglichen neuen Geburt. Der eigentliche Innenbezirk ist ein Viereck mit vier Toren, ein Klosterhof, der an den Grundriss eines Tempels oder einer geometrischen Stadt erinnert. Darin sind die vier Grundfarben Rot, Grün, Weiß und Gelb als Bezeichnung der vier Himmelsrichtungen angeordnet. In der innersten Zone, dem eigentlichen Zentrum, sitzt – in einem hinduistischen Yantra – Shiva mit seiner weiblichen Entsprechung, Shakti, vereinigt, in einem lamaistisch-buddhistischen Mandala sitzt Buddha. Manchmal findet man auch fünf Buddhas, die für die verschiedenen Elemente des Personseins stehen: das Bewusstsein, die Körperlichkeit, die Empfindung, die Wahrnehmung und das Wollen.

Im Mandala lernt der Meditierende die Vielfalt von Welt und Seele kennen, die Spannungseinheiten und Polaritäten. Er bekommt aber auch eine Hilfe an die Hand geliefert, diese gespaltene und vielfache Wirklichkeit als Einheit zu begreifen und von der Mitte her zusammenzubinden, sodass er in einen Zustand des Gleichgewichts und der beruhigten Balance gelangen kann. Er wird des Gottes in sich inne, und diese Energiequelle befähigt ihn, zu seiner Ganzheit zu gelangen, aber nicht im Sinne einer Isolation, sondern der Verbundenheit.

Über die Vierzahl, die Quaternität, hat im 20. Jahrhundert wohl kein Denker intensiver nachgedacht als Carl Gustav Jung. Vor allem bei seiner therapeutischen Arbeit und dem Umgang mit Träumen, aber auch bei der Beschäftigung mit den Mythen verschiedener Kulturen und der Kunst der ganzen Welt erkannte er, dass die Vier seit uralten Zeiten ein Ausdruck der Ganzheit, der Vollständigkeit, der Totalität ist. Aber die Vier muss auch als Einheit verstanden werden, weil die Teile, Qualitäten oder Aspekte, die eine Vierheit darstellen, das Eine symbolisieren. Wichtig ist dabei, dass bei dieser Vierheit die Gegensätze zwar aufeinanderprallen, aber in der Viererordnung versöhnt sind. So ist oft die obere Hälfte des Quadrats hell, die untere dunkel, die obere dem Himmel zugeordnet, die untere der Erde. Jung sagt: »Wenn man die durch die Vierheit symbolisierte Ganzheit in gleiche Hälften teilt, so entstehen zwei Dreiheiten von entgegengesetzter Richtung.«

Weil die Vierheit zu den unserer Seele innewohnenden Urbildern gehört – Jung spricht von den archetypischen Bildern –, taucht sie so häufig in den religiösen Überlieferungen und den Kunstwerken der verschiedenen Kulturen auf. Jeder Mensch ist auf der Suche nach sich selbst, er möchte seine Individuation erreichen, die Verwirklichung des in ihm angelegten Bildes, deshalb macht die Seele gleichsam »Vorentwürfe«, die in den Träumen auftauchen können oder durch die »aktive Imagination«, die Weckung und Hebung der Bilder des Unbewussten, heraufgerufen werden können. Und weil wir unsere Ganzheit immer nur bruchstückhaft verwirklichen können, bietet uns das Unbewusste Bilder des Selbst an, des inneren Kerns unserer Person, damit wir erkennen können, was von unserem Potenzial noch nicht durchlebt ist und welche Aufgaben wir auf unserer Lebensreise noch zu bewältigen haben.

Die therapeutische Erfahrung lehrt, dass eins von den vier Elementen des vollständigen Quadrats meist nicht belebt ist, es steckt noch im Dunkel des Unbewussten. Es ist die Achillesferse des Menschen: »Irgendwo ist der Starke schwach, der Gescheite dumm, der Gute schlecht usw.«, sagt C. G. Jung.

Die Philosophen und Alchimisten des Mittelalters kannten das Problem einer »Quadratur des Kreises«. Wenn man bedenkt, dass das Quadrat das Symbol der Welt, der irdischen Vollgestalt ist, der Kreis aber der Inbegriff der Vollendung und damit ein Symbol der Gottheit, dann bedeutet diese Aufgabe, das Irdische zum Göttlichen zu verwandeln. Auch wenn eine solche Aufgabe nicht vollendet werden kann, so gehen doch von einem solchen Zielbild Kräfte aus, die einen Reifungsprozess anregen können. Die Kreisgestalt und die Kugelform weisen darauf hin, dass auch noch die Vierheit überhöht werden kann

ALLE VIERE

Aber auch in den Profanbereich, etwa ins Spiel, wirkt die Vier mächtig hinein. Das Spielfeld, sowohl das große eines Fußballplatzes wie das kleine eines Schachbretts, hat eine viereckige Form, es stellt eben die Welt dar, in den Bereich des Spielerischen verkürzt und stilisiert. Hier werden die Kämpfe ausgetragen, in denen wir uns einüben für den Lebenskampf. Und wenn wir daran denken, dass die Wurzeln vieler unserer Spiele im Bereich des Kultes ruhen, dass es also »heilige Spiele« waren, die ausgetragen wurden – man denke an die Ballspiele der Azteken, wobei der Ball ein Sinnbild der Sonne war –, dann bekommen unsere Spielarten doch ein größeres Gewicht. Auch die verschiedenen Kartenspiele haben vier Farben, es gibt also vier Könige, Damen, Buben usw. Eine strenge Regel bestimmt die Werthierarchie dieser Farben.

Im Klangbereich der Musik hat die Vierstimmigkeit eine große Bedeutung. In der Kammermusik spielt das Streichquartett eine besondere Rolle, und ein Chor ist erst dann vollständig, wenn alle vier Stimmen – der Sopran, der Alt, der Tenor und der Bass – besetzt sind. Die Vierstimmigkeit ist offensichtlich eine Vollstimmigkeit, nur so kann der Wohlklang voll ausgenutzt werden.

Die Kinder- und Hausmärchen der Brüder Grimm haben uns die Geschichte von den »Vier kunstreichen Brüdern« überliefert. Vom Vater werden die vier Brüder in die vier Himmelsrichtungen, also in alle Welt, hinausgeschickt, sie sollen sich erproben und die entscheidende Kunst lernen, die sie von den anderen unterscheidet. Was sie allerdings lernen, ist derart, dass keiner den anderen übertreffen kann: Einer ergänzt den andern, jeder braucht die Fähigkeit seiner Brüder, damit die große Tat getan werden kann. Erst das Zusammenwirken von allen vieren bringt auch die Rettung hervor, sodass sie beschließen, zusammenzubleiben und sich nicht zu trennen. Die Vier steht also für das Ganze, für das Zusammenwirken der verschiedenen Kräfte und Mächte.

Weil auch die Universitäten im Mittelalter eine Welt im Kleinen darstellten, hatten sie vier Fakultäten: die Artistenfakultät für die philosophische Grundausbildung, dann die theologische, die juristische und die medizinische Fakultät. Wer ein durch und durch gebildeter Mensch sein wollte, musste schon alle vier Fakultäten studiert haben, um als Weltweiser gelten zu können. Allerdings konnte es einem dann doch gehen wie dem Doktor Faust, der – nach Goethe – von sich behauptete:

Habe nun, ach! Philosophie,
Juristerei und Medizin
Und leider auch Theologie!
Durchaus studiert, mit heißem Bemühn.
Da steh ich nun, ich armer Tor!
Und bin so klug als wie zuvor.

Weil ihn die Wissenschaft der vier klassischen Bereiche nicht befriedigt, greift er nach den magischen Mitteln, um das Verborgene doch noch begreifen zu können. Bei seinem Beschwörungsversuch des geheimnisvollen dämonischen Hundes meint er zunächst mit den innerweltlichen Naturgeistern der vier Elemente zurechtkommen zu können: Feuer, Wasser, Luft und Erde werden beschworen:

Wer sie nicht kennte,
Die Elemente,
Ihre Kraft,
Und Eigenschaft,
Wäre kein Meister
Über die Geister.

Er verwundert sich aber, dass diese Beschwörungskünste noch nicht helfen:

Keines der Viere
Steckt in dem Tiere.

Erst viel später wird Faust von Mephistopheles belehrt:

Denn wer den Schatz, das Schöne, heben will,
Bedarf der höchsten Kunst: Magie der Weisen.

Wer es nicht gerade mit der Magie versucht, greift vielleicht zu abergläubischen Mitteln. Dann wird das vierblättrige Kleeblatt für den Finder zu einer Vorankündigung eines Glücksfalls. Nur deshalb, weil es selten ist – oder weil es der Kreuzform ähnelt?

Wer alle viere hängen lässt, ist entweder übermüdet oder in der Gefahr, der Resignation zu verfallen. »Alle viere von sich strecken« bedeutet dagegen, sich der Muße überlassen, indem man sich wohlig räkelt und alle Extremitäten ausstreckt. Es kann aber auch bedeuten, hilflos zu sein und vom Tod überfallen zu werden. Sich auf seine vier Buchstaben setzen tut dagegen der, der das Wort Popo vermeiden will.

Die Volksweisheit kennt den Ausdruck: »Mit allen vieren danach greifen«, wenn einer so gierig ist, dass ihm die Arme allein nicht ausreichen und er auch noch seine Füße ausstreckt, um das Ersehnte zu packen. − Wer »auf allen vieren beschlagen ist«, der ist gewitzt und durchtrieben, er kennt alle Drehs und Kniffe. Dagegen ist einer »ein Narr an allen vieren« (Wickram), wenn bei ihm die Torheit auf allen Gebieten vorherrscht.

Wer vierschrötig ist, der ist derb-kräftig und plump, vielleicht auch ungehobelt. Aber die Eckigkeit hat auch ihre Vorteile. Von Raupach wird das Wort überliefert: »Das Wort ist rund, viereckig ist die Tat.« Das Runde ist zwar geschmeidig, das Viereckige kantig und anstößig, aber dafür auch wirksam. Manche Leute, sagt Brentano, »begreifen nur viereckige Sachen«, wahrscheinlich deshalb, weil sie durch ihre kantige Art nachdrücklicher wirken können.

Zum Schluss sei noch erwähnt, dass das Vierteilen eine besonders grausige Art der Todesstrafe im Mittelalter war. Der Delinquent wurde mit Händen und Füßen an vier Pferde gebunden und von ihnen in Stücke gerissen. Vor allem Verräter wurden auf diese Weise zu Tode gebracht. Und wenn man die Reste noch verbrannte, um ihre Asche als Staub in die vier Winde zu streuen, dann waren sie endgültig ausgelöscht.

Die Fünf

Als der junge Königsohn in Nizamis berühmter Geschichte zur Prinzessin Turandocht kam, um sie als seine Frau zu gewinnen, musste er erst ihre Rätsel lösen. Das war ein lebensgefährliches Unternehmen, weil alle, die sich vergeblich um die Lösung bemühten, ihren Kopf verloren. Die Prinzessin stellte aber nun gar keine Rätselfrage, sondern löste aus ihrem Ohrgehänge zwei kleine gleichartige Perlen heraus und ließ sie dem Prinzen überreichen. »Der Jüngling nahm die Perlchen, betrachtete sie, und nachdem er eine Waage verlangt und sie gewogen hatte, legte er zu den zweien drei weitere von genau demselben Gewicht und sandte alle fünf der Prinzessin zurück.« Auf diese Weise hatte er das Rätsel gelöst. Die Zwei ist immer als »weibliche Zahl« empfunden worden, die Drei dagegen als »männliche Zahl«. Wenn die Zwei und die Drei aber Zusammenkommen, dann gibt es die Venuszahl Fünf: Es ist die Zahl der Vereinigung von Mann und Frau, es kann Hochzeit gefeiert werden.

Louis Claude de Saint Martin hat im 18. Jahrhundert ein Werk über Zahlensymbolik veröffentlicht, das Matthias Claudius ins Deutsche übertragen hat. Darin heißt es: »Die Zwei nimmt man als den Anfang der geraden und die Drei als den Anfang der ungeraden Zahlen. Durch die Vermischung derselben miteinander entsteht die Fünfzahl, welche mit Recht geehrt wird, da sie die erste aus der geraden und der ersten ungeraden Zahl entstandene Zahl ist und wegen der Ähnlichkeit der geraden Zahl mit dem Weibe sowie der ungeraden mit dem Manne die Ehe genannt wird.« Hier haben wir also eine Hochschätzung der Fünf als Vereinigungs- und Begegnungszahl vor uns. Und weil alles in der Welt auf Begegnung hin geschaffen ist und nach Vereinigung drängt, deshalb hat der fünfstrahlige Stern der Venus eine solche Bedeutung. Und lange spielten die Blüten von Weinstock, Apfel und Quitte bei den Hochzeitsfeierlichkeiten eine große Rolle, weil sie fünfblättrige Blüten hatten und damit ein hochzeitliches Symbol darstellten.

Nicht in allen Kulturen hat sich die Fünf großer Beliebtheit erfreut, im Vorderen Orient aber genoss sie eine Vorrangstellung. In einem manichäischen Text wird berichtet: »Der Urmensch rief seine fünf Söhne hervor ... er bewaffnete sich mit den fünf Geschlechtern: dem leisen Windhauch, dem Wind, dem Licht, dem Wasser, dem Feuer.« Weil ja die materiellen Elemente als Erzeugnisse des Demiurg böse waren und abgelehnt werden mussten, entwickelte man eine kontrastierende Vorstellung von fünf geistgeprägten Elementen: Äther, Wind, Wasser, Licht und Feuer. Der Demiurg war im Verständnis Platos der Weltbaumeister, der Schöpfer und Vater des Alls. Die Gnostiker dagegen verstanden ihn als den Schöpfer der Sinnenwelt, der für alle Übel in der Welt die Verantwortung trägt. Für sie war der Demiurg nicht der wahre und höchste Gott, sondern eine niedere und doppeldeutige Gottheit.

Im erdzugewandteren China dagegen wurde die Fünf gerade deshalb zur entscheidenden Zahl, weil man fünf Elemente annahm, neben Erde, Wasser und Feuer noch das Metall und das Holz. Man wollte mit dieser Fünfzahl nicht in erster Linie die verschiedenen Substanzen unterscheiden, sondern deren gegenseitige Beziehung und Abhängigkeit veranschaulichen: Holz bringt Feuer hervor, Feuer bringt durch seinen Verbrennungsvorgang Erde hervor, Erde bringt Metall hervor (Erzgewinnung in der Erde), Metall bringt Wasser hervor (der Tau, der sich nachts auf Metallgegenständen niederschlägt), Wasser bringt Holz hervor. Jedes Element überwindet aber auch ein anderes Element, sodass ein lebendiges Spannungsfeld entstanden ist. Die Fünf ist zur Quincunx angeordnet wie bei dem »Fünfer« unseres Würfels. Das ist deshalb wichtig, weil der fünfte Punkt die Mitte darstellt. Das Quadrat bekommt eine Mittelzone, die alles zusammenfasst und vereinheitlicht. Die Erde trägt alles und ordnet es der Mitte zu. Die Erde ist – nach dem I Ging, dem alten chinesischen Weisheitsbuch – Kun, das Empfangende, die weiche, aufnahmebereite Urkraft des Yin. Neben den vier Himmelsrichtungen kannten die Chinesen noch eine fünfte: die zur Erde in die Tiefe, von der Mitte ausgehend. Die Vierheit bekommt durch eine Mitte eine neue Qualität, und so entsteht die Fünf als zentrierte Ganzheit.

Von dieser Grundtheorie her ist es verständlich, dass man in China auch sonst die Fünf als gliedernde und deutende Zahl verwendete: Fünf Getreidesorten sorgen für die Nahrung – Reis, Mais, Hirse, Gerste, Weizen –, fünf Kaiser bilden eine Gruppe mythischer Herrscher im chinesischen Altertum, fünf Klassiker haben die Hauptwerke des Konfuzianismus geschrieben, fünf Grundbeziehungen regeln das Zusammenleben der Menschen: das Verhältnis von Vater und Sohn, von Herrscher und Untergebenem, von Mann und Frau, von älterem und jüngerem Bruder und von Freund zu Freund. Fünf Strafen waren für die Übeltäter vorgesehen: das Brandmarken auf der Stirn, das Abschneiden der Nase, das Abschneiden der Ohren oder Gliedmaßen, die Kastration, die Hinrichtung. In der Hierarchie der Gesellschaft gab es schließlich fünf Adelsränge: Gong, den Herzog; Hou, den Fürsten; Bo, den Markgraf; Zi, den Grafen, und Nan, den Freiherrn.

Dass er fünf Finger hat an jeder Hand, ist für den Menschen immer die erste und naheliegendste Möglichkeit, sich im Zählen einzuüben. Wer nicht einmal diese Abzählmöglichkeit nutzen kann, ist und bleibt dumm. Bei Plautus heißt es: »Nescit, quot digitos habet in manu« – er weiß nicht, wie viele Finger er an der Hand hat. Und weil uns die fünf Sinne dabei helfen, uns in der Welt zurechtzufinden, deshalb ist einer, der nicht mehr »alle Fünfe beisammen hat«, verrückt geworden, er kann nicht mehr für voll genommen werden. Wer allerdings »Fünfe gerade sein lässt«, der nimmt es mit der Genauigkeit nicht sehr genau, er ist großzügig und achtet nicht übermäßig auf die exakte Richtigkeit. Einen eher negativen Charakter bekommt die Fünf allerdings, wenn einer sich vorkommt wie »das fünfte Rad am Wagen«; er ist nämlich überflüssig geworden, weil die vier Räder ja einem Wagen genügen.

In der religiösen Deutung der Zahlen in der jüdisch-christlichen Tradition wies man mit besonderem Nachdruck auf die fünf Bücher Mose, die Thora, hin, die ja dem frommen Juden die entscheidende Weisung für seinen Lebensweg gegeben haben. In der Passionsgeschichte Jesu ist von den fünf Wunden die Rede, sie haben in der Frömmigkeitsgeschichte und im Andachtswesen bis heute eine große Rolle gespielt. Man wies auch auf die Brotvermehrung hin, bei der Jesus mit fünf Brotlaiben 5000 Menschen gesättigt hat.

Im Islam hat die Fünfzahl ebenfalls bis heute eine hohe Wertschätzung behalten. Die frommen Muslime sind den fünf Pfeilern ihres Glaubens verpflichtet, es sind: das Glaubensbekenntnis, das Pflichtgebet, die Fasteneinhaltung im Monat Ramadan, die Abgabe von Almosen und die Pilgerfahrt nach Mekka. Und auch das tägliche Gebet wird pflichtgemäß fünfmal am Tag gesprochen. Auch in der arabischen Philosophie haben sich manche »Pentaden« erhalten, so die Kategorienlehre des al-Kindi: Materie, Form, Bewegung, Raum und Zeit.

Zu den häufigsten Schutzmitteln gegen böse Geister und unheilbringende Mächte gehört das Pentagramm, ein fünfzackiger Stern, der in einem Zug, ohne abzusetzen, gezeichnet werden kann. Er ist ein Sinnbild des harmonischen, in sich ruhenden Kosmos. Die Pythagoreer, die die Fünf als Zahl der Vollkommenheit verehrten, haben dieses Zeichen als Symbol für Gesundheit und Heil verwandt. Es wird auch Drudenfuß genannt, weil es gegen die Druden schützt, die nächtlich auftauchenden weiblichen Geister. Dahinter steht wohl der Gedanke: Was heil und richtig existiert, was in Harmonie und innerem Gleichgewicht ist, kann von den dämonischen Mächten nicht versehrt werden. Wer sich unter den Schutz eines solchen Zeichens stellt, partizipiert an der Vollkommenheit des Symbols. Da können selbst die Hexen nichts ausrichten.

In der mittelalterlichen Geheimwissenschaft gab es eine zentrale Problematik: Man wollte den »Stein der Weisen« finden, wollte die »quinta essentia« entdecken, das fünfte Element. Es ging aber wohl nicht um ein eigenes Element neben den Vorgefundenen vier Elementen, sondern eher um eine Einheitssubstanz, die die übrigen erhöht, vergeistigt und zusammenbindet. Die Alchimisten waren auf der Suche nach der Geistsubstanz, die die übrigen Essenzen sublimieren könnte. Hier war also das Fünfte nicht die Erweiterung der Vier, sondern ihre Erhöhung und Vollendung.

In einem Gedicht, das er »Die vier Elemente« genannt hat, preist Werner Bergengruen die klassischen Grundformen des Daseins, aus denen alles besteht:

Allen Dingen sind sie eingewoben,
Brennen, Fließen, Wehen und Beruhn.
Und der Mensch, die Schöpfung ganz zu proben,
muss den Gang durch solche Vierfalt tun.

Am Ende des Gedichts aber führt Bergengruen seinen Leser über die Vier hinaus und deutet an, dass die Überschreitung des Innerweltlichen immer eine Sehnsucht des Menschen bleibt. Die Fünf wird hier zum Inbegriff der Transzendenz, des Überschritts in eine andere Dimension.

Haben wir dich treulich einbefohlen
in die Hut des vierten Elements,

rauschen Fittiche, dich heimzuholen,
und so gehst du in die Quintessenz.

Also ist die Pilgerschaft gemündet
und die Bahn im goldnen Ziel verklärt.
In den vieren ist die Welt gegründet
und vom fünften strahlenhaft genährt.

Noch in anderer Hinsicht erscheint die Fünf als Höhepunkt einer aufsteigenden Linie. Wenn man den Gang der Evolution nach-
vollzieht, dann kann man als entscheidende Stationen benennen:
Die Welt existiert zunächst als unbelebte mineralische Wirklichkeit,
es entsteht die Pflanzenwelt, es kommt die Tierwelt herauf, es erscheint der Mensch. Das sind die vier großen Schritte der Weltent-
wicklung. Wenn wir aber dann noch den Überschritt zum Göttlichen einbeziehen, den kein Mensch von sich aus vollziehen,
sondern der ihm nur aus der göttlichen Gnade gewährt werden
kann, dann wäre der »fünfte Schritt« der Weg in den »göttlichen
Bereich«. Christian Morgenstern hat diesen fünf großen Schritten
ein bewegendes Gedicht gewidmet, das er »Die Fußwaschung« genannt hat in Erinnerung an die Demutsgeste der Fußwaschung, die
Jesus gegenüber seinen Aposteln auf sich genommen hat. Er stieg
hinab in die Niederungen des Menschseins, um uns den Aufstieg
zum Vater zu bahnen.

Ich danke dir, du stummer Stein,
und neige mich zu dir hernieder:
Ich schulde dir mein Pflanzensein.

Ich danke euch, ihr Grund und Flor,
und bücke mich zu euch hernieder:
Ihr halft zum Tiere mir empor.

Ich danke euch, Stein, Kraut und Tier,
und beuge mich zu euch hernieder:
Ihr halft mir alle drei zu Mir.

Wir danken dir, du Menschenkind,
und lassen fromm uns vor dir nieder:
weil dadurch, dass du bist, wir sind.

Es dankt aus aller Gottheit Ein-
und aller Gottheit Vielheit wieder.
In Dank verschlingt sich alles Sein.

Der Aufstieg zu einer höheren Stufe ist – in diesem Verständnis –
nur möglich in einer Haltung der Dankbarkeit. Wer hinaufsteigen kann, bekommt es ermöglicht durch die vorausgehenden Stufen. Vier große Schritte mussten getan werden, damit uns auch der
fünfte geschenkt werden kann.

Wenn ich die mittelalterlichen Darstellungen der »Majestas« be-
trachte, Christus wird als Thronender dargestellt, als Pantokrator,
dann habe ich den Eindruck, dass die Maler ihn als die »Quintessenz« darstellen wollten, als Inbegriff der vollendeten Schöpfung.
Dass es sich hier um eine Fünf handelt, kann man daran erkennen,
dass der thronende Christus immer mit den »vier Wesen« der Ezechiel-Vision dargestellt wird, die wir gewöhnlich als die Symbole
der vier Evangelisten deuten. Es sind aber zunächst einmal die Erscheinungsweisen des unsichtbaren Gottes. In den mittelalterlichen
Bildern sind es die Darstellungsweisen des Kyrios Christus. Er
selbst sitzt herrscherlich in der Mitte, an den vier Ecken ist jeweils
eines der Wesen: der Mensch, der Löwe, der Stier, der Adler. Die
Fünf ist hier das Zeichen der Fülle und Vollendung.

Die Sechs

Auch die Sechs hat es mit dem Vollkommenen zu tun, wenn wir beispielsweise an die sechs Seiten eines Würfels denken. Und weil der »Sechser« beim Würfeln den höchsten Wert darstellt, deshalb ist ein solcher Wurf auch entsprechend begehrt. Sechs Seiten haben die Bausteine, mit denen unsere Häuser errichtet werden, sie haben die ideale Form, um Mauern zu schichten; im Grunde ist alles, was aufgerichtet wird, aus diesen sechsseitigen Gebilden hochgetürmt.

Da ist der Gedanke nicht mehr weit, dass die sechs Tage des Schöpfungsberichts auch von einer bedeutsamen Sechs berichten. Alles Irdische – vom Licht der Sonne und der Sterne über Land und Meer bis zu den Pflanzen, Tieren und Menschen – ist Ausfluss des Sechstagewerks. Davon abgeleitet, soll auch die Arbeitswoche des Menschen sechs Tage betragen, dann soll ein Ruhetag eingelegt werden. Auch der Ackerboden soll nach einem Sechserrhythmus bearbeitet werden. Sechs Jahre lang kann er besät und abgeerntet werden, »im siebten Jahr dagegen sollst du ihn brach und unbestellt liegen lassen« (2. Mose 23,10f.). Der Rhythmus von sechs Arbeitstagen und einem Ruhetag scheint dem Menschen außerordentlich angemessen zu sein, auf jeden Fall sind alle Versuche, zu anderen Rhythmen zu kommen, bisher gescheitert.

Im Zusammenhang mit dem Pessachfest, das die Juden zur Erinnerung an die Rettung aus Ägypten feiern, ist es auffällig, dass sie aufgefordert werden, sechs Tage lang ungesäuertes Brot zu essen, dann erst kehren sie zu der üblichen Speise zurück.

Von Jesus wird berichtet, dass er, als er mit seinen Jüngern zu einem Hochzeitsfest eingeladen worden war, dem Hausherrn aus einer schwierigen Lage verhalf: Als der Wein ausgegangen war, die Gäste aber noch trinklustig waren, verwandelte er sechs große

Krüge Wasser in köstlichen Wein, sodass das Fest weitergefeiert werden konnte. Johannes weist in seinem Evangelium darauf hin, dass es das erste Zeichen war, das Jesus wirkte. Er verkündet ja die Nähe des anbrechenden Reiches Gottes, die messianische Heilszeit soll anbrechen, die als »hohe Zeit« und »Hochzeit« erwartet wurde. Dabei darf der Wein nicht fehlen, es ist ja eine Freudenzeit. So verweisen die sechs Weinkrüge auf das himmlische Hochzeitsfest.

Bevor allerdings der Jüngste Tag anbricht, musste Jesus erst sein Leiden durchstehen, am sechsten Tag der Woche, am Freitag, wurde er ans Kreuz geschlagen, und zwar zur sechsten Stunde.

Nicht nur im Judentum, da aber besonders, spielt das Hexagramm eine Rolle, der sechsstrahlige Stern, der aus zwei ineinandergeschobenen Dreiecken gebildet wird, wobei das eine Dreieck mit der Spitze nach unten weist, das andere nach oben. Es ist natürlich ein Verbindungszeichen, das verschieden gedeutet werden kann. Einmal soll es die Begegnung von Himmel und Erde symbolisieren, von Gott und Mensch, das Herabsteigen der göttlichen Gnade und die dankbare Aufnahme dieser Gnade durch den Menschen. So ist es zum Bundeszeichen geworden, zum Signet der Freundschaft zwischen Gott und seinem Volk.

Aber es kann auch die Verbindung von Geistigem und Weltlichem bedeuten, Vereinigungszeichen von Geist und Materie sein. Und schließlich weist es auch auf die Begegnung von Mann und Frau hin. Das nach oben zeigende Dreieck ist ein Symbol des Mannes, während das nach unten weisende Dreieck wegen seiner Ähnlichkeit mit dem weiblichen Delta das Zeichen der Frau ist. So wird das Hexagramm zum Inbegriff der coniunctio oppositorum, der Vereinigung des Entgegengesetzten.

In der indisch-hinduistischen Symbolsprache wird damit die Vereinigung des schöpferischen Gottes Vishnu mit der zerstörerischen Gottheit Shiva ausgedrückt, es wird also das Doppelantlitz der Welt mit ihrem Entstehen und Vergehen, ihrem Heraufkommen und ihrer Vergänglichkeit gezeigt.

Die Sumerer führten das Sexagesimalsystem ein, kombinierten es aber mit dem Dezimalsystem, sodass nicht in erster Linie die Sechs, sondern die Sechzig zur wichtigsten Zahl wird; sie wird dann auch dem Himmelsgott Anu, dem höchsten Gott, zugeordnet. Vermutlich hat die Höherentwicklung der Mathematik auch dazu beigetragen, eine differenzierte Astronomie und Astrologie auszufalten; vielleicht ist es auch umgekehrt: Um astronomische Berechnungen und genaue Beobachtungen durchführen zu können, brauchte man eine höhere Mathematik.

Ein besonderes Gewicht hat die Sechs in China durch die sechs Linien des Orakel- und Weisheitsbuches I Ging bekommen. Sechs wandelbare Linien − durchgehend oder durchbrochen − werden übereinander geschrieben, wobei das Schafgarben- oder das Münzorakel entscheidet, welche Linie auf welche Position trifft. Aus den verschiedenen Kombinationen der Linien ergeben sich 64 Möglichkeiten, die meditativ erschlossen werden und eine Hilfe bei der Selbsterfahrung und der Entscheidungsfindung darstellen sollen. Die sechs Linien geben − nach Auffassung der alten Chinesen − Auskunft über die Situation des Menschen, seine aktuellen Probleme, die Aufgaben, die er im Reifungsprozess zu bewältigen hat, und über die Chancen auf seinem Lebensweg. Das ewige Gesetz soll der einzelne im Rahmen des Ganzen erkennen, er muss durch Wandlungen gehen und in den vielen Übergängen und Krisen sein Dasein finden.

Im Leben des gebildeten Chinesen spielte noch eine andere Sechszahl eine Rolle: Er sollte sechs Künste beherrschen, das religiöse Ritual des Opfers (Li), die Musik, das Bogenschießen, das Lenken des Streitwagens, das Schreiben und das Rechnen.

Unabhängig von den traditionellen Kulturen hat die Menschen immer die Schönheit und Zweckmäßigkeit der sechseckigen Bienenwaben fasziniert. Nicht minder ist die hexagonale Kristallform der Schneeflocke ein Grund zum Staunen. Wenn die Natur sie hervorgebracht hat und in so unzähligen Exemplaren immer wieder produziert, muss es ein Grundmodell sein, das der idealen Form nahekommt.

Und die Mathematiker wurden auf die Sechs aufmerksam, weil sie die Zahl ist, die sich sowohl aus der Addierung als auch aus der Potenzierung der ersten drei Zahlen unserer Zahlenreihe ergibt:

$$1 + 2 + 3 = 6 \text{ und } 1 \times 2 \times 3 = 6.$$

Das ist sonst mit keinen Zahlen möglich, also muss es in diesem Fall eine Besonderheit sein.

Die mittelalterlichen Historiker ließen sich von der Sechszahl der Schöpfungsgeschichte dazu anregen, auch für die Menschengeschichte sechs Weltzeitalter zu entwerfen. Und selbst jeder Einzelmensch durchlebt in seiner Biografie sechs Phasen: infantia, pueritia, adolescentia, iuventus, virilitas, senectus (Kindheit, Reifezeit, Jugendalter, junges Erwachsenenalter, Mannes- und Frauenalter, Greisenalter).

Der Volksmund hat sich auf seine Weise der Sechs bemächtigt und die Sechs gleich scherzhaft potenziert:

Sechs mal sechs ist sechsunddreißig,
ist der Mann auch noch so fleißig,
und die Frau ist liederlich,
geht der Karren hinter sich.

Worauf es natürlich eine Gegenstrophe geben muss:

Sechs mal sechs ist sechsunddreißig,
wenn die Frau ist noch so fleißig,
und der Mann schlägt's in den Wind,
so geht's fort, wie sie's verdient.

Auch sonst nimmt das Sprichwort häufig auf die Sechs Bezug. Wer sechsspännig angefahren kommt, der muss ja wohl hochherrschaftlich sein. Wer »mit Sechsen fährt«, kann es sich wohl leisten. Aber: »Man muss nicht mit Sechsen fahren, wenn man nur Futter für Zweie hat.«

Oft genug reichen uns die fünf Sinne, die wir mitbekommen haben, nicht aus, wir brauchen einen »sechsten Sinn«, ein Ahnungsvermögen für das, was wichtig ist, ein Sensorium für das, was herankommt. Für den Barockdichter Lohenstein war allerdings der sechste Sinn wohl eher mit seiner sexuellen Wahrnehmung verknüpft, wenn er dichtete:

So Ohr als Zunge wird zu einer Wollust-rinne,
mein Fühln ist vermählt mit einem sechsten Sinne.

Im Märchen ist die Gesellschaft von Sechsen eine gute Truppe, um Abenteuer zu bestehen und die Taten zu vollbringen, die ein einzelner oder einige wenige nicht zustande brächten. In dem Märchen »Die sechs Diener« sucht sich der Königsohn, der um ein schönes Mädchen freit, sechs Diener, die jeweils eine besondere Gabe und Fähigkeit besitzen, um so die Aufgaben lösen zu können. Und in dem Märchen »Sechse kommen durch die ganze Welt« gelingt einem entlassenen Soldaten die Vergeltung an seinem undankbaren König, indem er sich mit anderen vereinigt und in dieser Sechserschaft unschlagbar wird. »Wenn wir sechs zusammen sind, sollten wir wohl durch die ganze Welt kommen«, das ist das Leitmotiv.

Wenn allerdings die Sieben als die eigentliche Vollzahl angesehen wird, dann fehlt der Sechs etwas, sie ist dann von einem Mangel gekennzeichnet. Auf diesen Aspekt der »defizitären Sechs« werden wir zu sprechen kommen, wenn es um die potenzierte Sechs, die Zahl 666, geht.

Die Sieben

Es ist bei der Zahlensymbolik oft nicht leicht zu sagen, ob am Anfang die empirische Beobachtung steht, die dann zum System wird, oder ob zunächst eine visionäre Schau oder die Spekulation bestimmend ist und man nachträglich alle Dinge unter dem gefundenen Schema ordnet. Die Sieben jedenfalls hat beinahe auf der ganzen Welt eine bestimmende Funktion bekommen, die Siebener-Rhythmen wurden zu einem wichtigen Ordnungsgedanken, der die Wirklichkeit deuten sollte, aber auch das menschliche Leben.

SIEBEN ROLLEN IM LEBENSLAUF

Fangen wir mit dem menschlichen Lebenslauf an. In seiner Komödie »Wie es euch gefällt« deutet Shakespeare die ganze Welt als eine Bühne, auf der die Frauen und Männer als Spieler auftreten und wieder abgehen.

Und es sind sieben Rollen, die jeder im Laufe seines Daseins – im Nacheinander – zu spielen hat:

Sein Leben lang spielt einer manche Rollen,
Durch sieben Akte hin. Zuerst das Kind,
Das in der Wärtrin Armen greint und sprudelt;
Der weinerliche Bube, der mit Bündel
Und glattem Morgenantlitz wie die Schnecke
Ungern zur Schule kriecht; dann der Verliebte,
Der wie ein Ofen seufzt, mit Jammerlied
Auf seiner Liebsten Brau'n; dann der Soldat,
Voll toller Flüch und wie ein Pardel härtig,
Auf Ehre eifersüchtig, schnell zu Händeln,
Bis in die Mündung der Kanone suchend

Die Seifenblase Ruhm. Und dann der Richter,
In rundem Bauche, mit Kapaun gestopft,
Mit strengem Blick und regelrechtem Bart,
Voll weiser Sprüch und neuester Exempel
Spielt seine Rolle so. Das sechste Alter
Macht den besockten hagern Pantalon,
Brill' auf der Nase, Beutel an der Seite;
Die jugendliche Hose, wohl geschont,
'ne Welt zu weit für die verschrumpften Lenden;
Die tiefe Männerstimme, umgewandelt
Zum kindischen Diskante, pfeift und quäkt
In feinem Ton. Der letzte Akt, mit dem
Die seltsam wechselnde Geschichte schließt,
Ist zweite Kindheit, gänzliches Vergessen,
Ohn' Augen, ohne Zahn, Geschmack und alles.

Siebenaktig ist also das menschliche Drama (oder die Komödie).
So ähnlich hat es übrigens schon der jüdische Philosoph Philo von
Alexandrien gesehen, der etwa zur Lebenszeit Jesu in Ägypten
lebte. Er teilt das Menschenschicksal in Jahrsiebte (wie in unserem
Jahrhundert noch Fritz Künkel) und kommt dabei zu folgendem
Phasenschema: »Zu Ende des ersten Jahrsiebtes kommen an Stelle
der Milchzähne die richtigen Zähne, zu Ende des zweiten tritt die
Geschlechtsreife ein, im dritten sprosst beim Mann der Bart, das
vierte ist die Blütezeit des Lebens, das fünfte der Zeitraum der Ver-
ehelichung, das sechste bringt die Reife des Verstandes, das siebente
die Veredelung der Seele durch die Vernunft, das achte die Vollendung von Verstand und Vernunft, das neunte die Zähmung der
Leidenschaften und infolgedessen Gerechtigkeit und Milde. Im
zehnten aber ist es am besten zu sterben, da in dem darüber hinaus-
liegenden Alter der Mensch nur ein gebrechlicher und unnützer
Greis ist.«

DER MOND UND DIE PLANETEN

Wo kommt aber nun die Sieben eigentlich her? Was hat die Menschen dazu angeregt, gerade die Sieben als strukturgebende Zahl zu entdecken? Waren es die sieben Planeten, die man damals zählte, die Wandelsterne, wozu man neben Jupiter, Mars, Merkur, Venus und Saturn auch die Sonne und den Mond rechnete? Oder hatte man schon den sinnvollen Rhythmus der Siebentagswoche übernommen, zu dem auch der biblische Schöpfungsbericht aufruft? Schließlich haben ja die Tage der Woche jeweils einen Planeten zugeordnet bekommen: der Sonntag die Sonne, der Montag den Mond, der Dienstag den Mars, der Mittwoch den Merkur, der Donnerstag den Jupiter, der Freitag die Venus und der Samstag den Saturn. Und weil der Saturntag besonders gefürchtet war, an ihm sollte man keine Tätigkeiten verrichten, weil ein Unheil über dem Tag ruhte, deshalb wurde er nun geheiligt, er wurde zum Ruhetag ohne Arbeitsverpflichtung; so jedenfalls besagt es eine Erklärungstheorie.

Eine andere besagt, dass jede Mondphase sieben Tage dauert, sodass der Mond-Monat in vier solche Siebenereinheiten geteilt ist. Auf jeden Fall war schon den Sumerern die Sieben eine heilige Zahl, und sie sahen die Sieben als eine Deutezahl im Hinblick auf das Universum. Und weil man die sieben Planeten sieben himmlischen Sphären zuordnete, bekam der Himmelsraum die Siebenerstruktur, die noch das ganze Mittelalter hindurch eine große Rolle spielte. Die Stufenpyramiden des alten Babylon hatten sieben Etappen, auch der salomonische Tempel war siebenstufig, Ägypten sprach von sieben Himmelswegen. Und von der Sophia, der heiligen Weisheit, heißt es im Alten Testament: »Die Weisheit hat sich ihr Haus gebaut, hat ihre sieben Säulen aufgerichtet« (Sprüche 9,1).

Die Gnostiker in ihrer materiefeindlichen Einstellung sahen in den sieben Sphären die Machtbereiche der Archonten, die Seele hatte es schwer, bei ihrem Aufstieg heil durch diese gefährlichen

Zonen zu gelangen. Jeder der sieben himmlischen Bereiche wurde – nach dieser Auffassung – von einem Machthaber, eben dem Archonten, beherrscht. Es mag sein, dass unsere Redewendung, wonach es die größte Seligkeit ist, »im siebten Himmel« zu sein, noch mit diesen Himmelssphären zusammenhängt. Allerdings nahmen die Gnostiker an, erst wenn man die sieben Himmel hinter sich gelassen habe, könne man im achten Himmel der thronenden Mutter des Lichts begegnen. Die Mithrasreligion lehrte ebenfalls einen Aufstieg der Seele durch die Sphären der Planeten, aber es waren gewissermaßen die Vorstufen zu Gott; sieben Tore mussten durchschritten werden, wobei immer ein Kleidungsstück zurückgelassen wurde, bis die Seele nackt und frei von ihren irdischen Prägungen in den Bereich des Vollkommenen eintreten konnte.

SIEBEN SCHRITTE

Auch der geistliche Reifungsweg des Mystikers wird häufig siebenstufig geschildert. Das »Itinerarium mentis in Deum« des heiligen Bonaventura (das Pilgerbuch des Geistes zu Gott) kennzeichnet den Aufstiegsweg in sieben Kapiteln; das Hauptwerk der großen Teresa von Avila, »Die innere Burg«, erschließt den kontemplativen Weg als »Durchwohnung« der sieben Wohnungen der Seelenburg.

In der Bibel finden sich außerordentlich viele Hinweise auf die Sieben. Bei Sacharja, einem der kleinen Propheten, ist von den sieben Augen des Herrn die Rede, »die über die ganze Erde schweifen« (4,10). Die Feste dauern gewöhnlich sieben Tage, der heilige Leuchter (Menora) ist siebenarmig, Jakob muss sieben Jahre arbeiten, bis er Lea und Rahel heiraten kann, Josef deutet den Traum des Pharao mit den sieben fetten und sieben mageren Kühen und steigt dadurch zum Vizekönig über Ägypten auf.

Im Neuen Testament ist die Sieben noch auffälliger. Das Vaterunser enthält sieben Bitten. Beim Endgericht wird gefragt, ob die Menschen sieben Formen der Barmherzigkeit geübt haben: die Speisung von Hungrigen, das Tränken von Durstigen, das Beherbergen von Obdachlosen, das Kleiden von Nackten, das Besuchen der Kranken und Gefangenen. In der Johannesapokalypse wimmelt es nur so von Siebenergruppen. Sieben Fackeln und sieben Geister stehen vor dem Thron Gottes, sieben Posaunen ertönen, sieben Plagen gehen über die Menschheit, sieben Unheilsschalen werden ausgegossen, sieben Gemeinden bekommen Briefe geschrieben, das Lamm hat sieben Hörner, das Buch sieben Siegel.

Man könnte die Sieben für die heilige Zahl schlechthin halten, wenn es nicht auch schlimme und gefährliche Sieben gäbe. Aus Maria Magdalena werden sieben Dämonen ausgetrieben, sieben Todsünden bedrohen den Menschen: Hoffart (Hochmut), Neid, Zorn, Geiz, Unkeuschheit, Trägheit, Unmäßigkeit. Auch der apokalyptische Drache hat sieben Köpfe und sieben Kronen. Ist es die Nachäffung des Heiligen durch das Dämonische? Oder greift auch die dunkle Gegenwelt zu den Grundstrukturen, um sich behaupten zu können?

Das Leben der Frömmigkeit ist auch wieder von Siebenerrhythmen bestimmt; sieben Gaben helfen im Glaubensleben: der Geist des Herrn, der Geist der Weisheit und des Verstandes, der Geist des Rates und der Stärke, der Erkenntnis und der Gottesfurcht (Jesaja 11,1). Die Mönche halten am Tage sieben Gebetszeiten ein: die Matutin und Laudes, die Prim, Terz, Sext, Non, Vesper und die Komplet. – Das Tugend-Viergespann der Antike – Klugheit, Tapferkeit, Maß und Gerechtigkeit – wurde im Mittelalter durch die Trias der göttlichen Tugenden – Glaube, Hoffnung und Liebe – zur Siebenzahl der Tugenden ergänzt. Die sieben Sakramente in der katholischen und der ostkirchlichen Tradition vermitteln die Gnadengaben für den Gläubigen.

Es mag sein, dass die Menora, der siebenarmige Leuchter, und die sieben goldenen Leuchter, von denen in der Berufungsvision des Johannes in der Apokalypse die Rede ist, noch eine Beziehung haben zu den sieben Planeten, deren Bedeutung wir in den antiken Kulturen gar nicht hoch genug ansetzen können. Da die einzelnen Planeten eine mythische und eine symbolische Bedeutung haben, seien sie hier aufgeführt:

1. Sonne – Helios: Lichtbringer und Erneuerer, Herrschaft des Tages. Farbe und Metall: Gold.
2. Mond – Selene: Herrin der Nacht, Repräsentantin des Alten. Bereich des Irdischen, Welt des Menschen. Inbegriff der Ruhe und Stille. Farbe: Weiß und Silber, Metall: Silber.
3. Mars – Ares: Kriegsgott, Symbol des Kämpferischen, der männlichen Behauptung und Durchsetzung, dem Feuer zugeordnet. Farbe: Rot, Metall: Metallgemisch.
4. Merkur – Hermes: Seelengeleiter und Götterbote, Schutzgott der Kaufleute, aber auch Symbol der Verstellung und der List. Farbe: Dunkelblau, Metall: Eisen.
5. Jupiter – Zeus: Vater der olympischen Götter, der Königsstern, Inbegriff des Königtums, des Throns der Macht. Farbe: Purpurrot, aber auch Gelb und Grün; Metall: Bronze.
6. Venus – Aphrodite: Göttin der Liebe und der Schönheit, Repräsentantin des Weiblichen, der Leidenschaft, aber auch des Mitleids und des Liebesbundes. Farbe: Weißgelb, Metall: Zinn.
7. Saturn – Kronos: Sonnenstern, der Segen spendet, aber auch Kampf und Untergang heraufbringt. Farbe: Schwarz, Metall: Blei.

Wenn die sieben Planeten ihren Einfluss ausgeübt und ihre Macht ergriffen haben, wenn die sieben Sphären durchschritten, die sieben Tore passiert, die sieben Stationen des Weges zurückgelegt sind, dann ist das Ziel erreicht, die Fülle kann hereinbrechen. Bei den Babyloniern war die Sieben deshalb auch die Zahl der Gesamtheit, des Ganzen. Und wenn es in der Schöpfungsgeschichte heißt: »Und Gott vollendete am siebten Tag sein Werk, das er gemacht«, dann klingt etwas von diesem Charakter der Sieben hindurch.

»SIEBENSACHEN«

Aber kehren wir noch einmal zu der »irdischen Sieben« zurück. Sieben Weltwunder wurden in der Antike verehrt und bestaunt, die wegen ihrer Größe und Kühnheit oder ihrer Schönheit ihresgleichen nicht hatten: die ägyptischen Pyramiden, die hängenden Gärten der Semiramis in Babylon, der Tempel der Artemis in Ephesos, das Zeusstandbild in Olympia, das Mausoleum in Halikarnassos, der Koloss von Rhodos und der Leuchtturm der Insel Pharos.

Die eher intellektuellen Weltwunder waren die sieben Weisen, die wegen ihrer Klugheit und philosophischen Tiefe verehrt wurden: Pittakos von Mytilene, Solon von Athen, Thales von Milet, Bias aus Priene, Periander aus Korinth, Chilo der Mazedonier und Cleobulus Zindius.

Die Lyra, das antike Saiteninstrument, hatte meist sieben Saiten. Auch die Tonleiter besteht ja aus sieben Tönen. Dieser Tonumfang genügt, um alle Herrlichkeiten der Musik hervorzubringen, ein Beispiel dafür, dass die Sieben für das »Ganze« stehen kann.

Im Mittelalter hat sich der Gebildete mit den sieben freien Künsten und Wissenschaften befasst: Grammatik, Dialektik, Rhetorik, Geometrie, Arithmetik, Astronomie und Musik. Auch hier war man darauf bedacht, eine Siebenzahl zu erreichen, weil damit am ehesten angedeutet werden konnte, dass der ganze Bereich des Wissens und Könnens damit abgeschritten ist.

Und wenn die Kurfürsten zusammentraten, um einen Kaiser zu wählen, dann waren es wieder sieben: drei geistliche Fürsten – die Erzbischöfe von Köln, Mainz und Trier – und drei weltliche Fürsten – die Herzoge von Böhmen, Sachsen, Brandenburg und der Pfalz.

Dass die Siebenzahl im Märchen häufig vorkommt, lässt sich leicht denken: Sieben Raben sind es, die davonfliegen und wieder erlöst werden sollen; sieben Zwerge empfangen das Schneewittchen. Ob auch hier die sieben Planeten eine verborgene Funktion haben, muss offenbleiben, vielleicht repräsentiert ja jeder Zwerg auch ein Metall. Von den Sieben Wesen beschützt, kann Schneewittchen schließlich aus ihrem Todesschlaf erweckt werden und zu ihrem wahren Leben gelangen. – Mit Siebenmeilenstiefeln kann man so schnell laufen, dass selbst der böse Riese einen nicht mehr einholen kann. Selbst der kleinste Däumling ist nun den mächtigsten Wesen überlegen und kann ihnen ein Schnippchen schlagen. – Sieben Jahre muss der Bärenhäuter sein jämmerliches Leben führen, darf sich nicht waschen und sich nicht die Haare schneiden lassen, dann aber ist er wieder der schmucke junge Mann – und reich dazu. – Wenn aber der Versuch, jemanden zu erlösen, fehlgeschlagen ist, dann heißt es: »Nun muss ich wieder sieben Jahre warten, bis ein anderer kommt, der mich erlösen kann.«

In der Alltagssprache taucht die Sieben auf ganz unterschiedliche Weise auf. Die »sieben Sachen« sind das Nötigste, was einer auf eine Reise mitnehmen muss. Wenn einer »siebengescheit« ist, dann will er wohl als besonders klug erscheinen und meint, die Weisheit mit Löffeln gefressen zu haben. Der »Siebenschläfer« ist dagegen einer, der seine Zeit verträumt und nicht zum Aufwachen zu bringen ist.

Ursprünglich waren die Siebenschläfer allerdings sieben Jünglinge, die der Christenverfolgung unter Decius entgingen, indem sie in eine Höhle bei Ephesos flüchteten, dort einschliefen und vermauert wurden. Von 251 bis zum Jahre 447 sollen sie dort geschlafen haben, bis man sie zufällig wieder entdeckte. Am 27. Juni wird ihr Fest gefeiert, ein Datum, an dem sich das Wetter der nächsten sieben Wochen entscheiden soll, wie die Volksweisheit annimmt. Das Sprichwort sagt aber auch:

Wer länger schläft als sieben Stund,
verbringt sein Leben wie ein Hund.

Wird ein Mädchen »Siebenschön« genannt, dann vereinigt es wohl eine Fülle schöner Attribute, oder es vereinigt die Schönheit von sieben Mädchen auf sich.

Weil aber die Sieben auch einen negativen Aspekt hat, deshalb kann eine zänkische, streitsüchtige Frau »böse Sieben« genannt werden. Nahm man an, sie habe alle sieben Todsünden im Leibe? Oder war man aus einer astrologischen Deutung ihres Horoskops dazu gekommen? Das »siebte Haus« beeinflusst bei einem bestimmten Planetenstand das eheliche Zusammenleben. Vielleicht wirkt sich aber bei dieser Bezeichnung auch ein im Mittelalter beliebtes Kartenspiel aus: Die Trumpfkarte »Sieben« beim Karnöffelspiel, die alle anderen Karten sticht, sogar den Kaiser und den Papst, zeigt ursprünglich den Teufel, später aber ein böses Weib. Noch im Barock wird das mürrische, schimpfende, herrschsüchtige, plaudernde und hochmütige Weib als Inbegriff der sieben Todsünden bezeichnet (Joachim Rachel, 1664).

Aber eine Sieben mit negativem Vorzeichen ist doch die Ausnahme. Viel häufiger kommt die tröstliche Sieben vor, die hoffnungsvolle und die Ganzheit anzeigende. Alle sieben Jahre erneuert sich der menschliche Organismus, er erlebt also bis zur letzten Zelle eine Auffrischung. Das Licht spaltet sich – im Spektrum – in die sieben Farben und macht unsere Welt bunt. Sollten wir da nicht in das Loblied auf die Sieben einstimmen, wie es August von Platen angestimmt hat?

Der sich schaffend hat erwiesen siebenmal,
Wohnt in sieben Paradiesen siebenmal;
Adler, siebenmal umkreise du den Fels,
Krümme, Bach, dich durch die Wiesen siebenmal;
Feuer, schür am Stamm der Zeder, und sein Duft
Wind' als Rauch sich um den Riesen siebenmal;
Schenke, nimm die beiden Becher, beide nimm,
Fülle jenen mir und diesen siebenmal;
Siebenfach ist deine Locke schön geteilt,
Deine Locke sei gepriesen siebenmal!

Die Acht

In symbolischer Betrachtungsweise steht keine Zahl für sich, alle weisen über sich hinaus, stehen in einem Zusammenhang mit anderen Zahlen, greifen auf früher stehende Zahlen zurück.

So ist die Acht eine doppelte Vier und eine zweifach potenzierte Zwei (4 + 4 und 2 x 2 x 2). Waren die Hauptrichtungen der vier Winde, der Himmelsrichtungen, schon wichtig, so wird das in den acht Richtungen der Windrose wieder aufgegriffen. Die Acht hat – ähnlich wie die Vier – keine besondere Dynamik, dafür strahlt sie Ruhe aus, ist Ausdruck einer in sich schwebenden Harmonie, wie das achtspeichige Rad eine geradezu ansteckende Symmetrie demonstriert. Der achtblättrige Lotos ist der Inbegriff einer zur Meditation einladenden Blume. Der Lotos ist das Symbol für die zum Nirvana führende Erkenntnis, aber er ist auch der Schoß, der den Buddha gebiert.

Auch das Rad der Erlösung in der Lehre Buddhas hat acht Speichen. Ein achtfacher Weg soll gegangen werden, damit die Erlösung vom Leiden erreicht wird und der Kreislauf der Wiedergeburten endlich zu Ende geht.

Vishnu – im hinduistischen Götterhimmel – wird mit acht Armen abgebildet. Er stellt als axis mundi, als Weltachse, die Festigkeit des Kosmos dar. Mit seinen acht Armen erhält er die Welt.

Im Mythos der Germanen wird Odin (oder Wodan), der ekstatische und wütende Gott, mit seiner durch die Lüfte fahrenden »wilden Jagd« als Reiter auf dem achtfüßigen Sleipnir vorgestellt. Ob die acht Füße die besondere Schnelligkeit des Tieres betonen sollen, oder ob damit andere symbolische Aussagen gemeint sind, ist nicht eindeutig auszumachen.

In den mittelalterlichen Darstellungen wird die Göttin Fortuna häufig mit einem achtspeichigen Glücksrad gezeigt, das sie ununterbrochen dreht. Manchmal ist der, manchmal jener obenauf, aber keiner kann sich darauf verlassen, seine Herrschaft zu behalten; der eine wartet darauf, nach oben zu kommen, ein anderer muss sich damit abfinden, abzusteigen.

Eine sehr große Bedeutung hat die Zahl Acht in der christlichen Frömmigkeit bekommen. Das hat folgenden Hintergrund: In 1. Mose 6,18 wird erwähnt, dass acht Menschen die Sintflut überlebt haben, weil sie durch die Arche gerettet wurden: »Geh in die Arche, du, deine (drei) Söhne und die Frauen deiner Söhne.« Der 1. Petrusbrief greift diesen Gedanken auf: »In der Arche wurden nur wenige, nämlich acht Menschen, durch das Wasser gerettet« (3,20). So wurde die Acht zur Zahl der Rettung und der Wiedergeburt, des Durchstoßes zu einem neuen Leben. Nun erinnerte man sich, dass Jesus ja acht Seligpreisungen ausgesprochen hatte. Vor allem aber wurde bedeutsam, dass der Tag der Auferstehung Jesu der erste Tag der Woche war – oder, wie man nun sagte: der achte Tag. Etwas geht zu Ende, die ganze alte Welt mit ihrem Trott und ihrer Sündenverfallenheit, und es beginnt etwas Neues, eine Ära des Lebens, der Hoffnung und der Zuversicht.

Wie mit der Sintflut ein Äon zu Ende ging und ein im Wasser gereinigter neuer Äon heraufkam, so beginnt mit dem achten Tag Jesu ein Zeitalter der Auferstehung. Justin der Märtyrer (gest. 165) legt das so aus: »Sie (die acht Geretteten in der Arche) versinnbildeten, da sie acht an der Zahl waren, den achten Tag, an welchem unser Christus von den Toten auferstanden und erschienen ist.« Man erinnert sich auch daran, dass die neugeborenen Knaben im Judentum am achten Tag beschnitten wurden.

Vor allem die Taufliturgie stand fortan unter dem Zeichen der »heiligen Acht«. In der Taufe bekommt der Täufling Anteil am Leben des Auferstandenen. Die Taufkapellen haben fast alle eine oktogonale Form, oft sind auch die Taufbecken achteckig. Auch die alten Friedhofskapellen waren häufig nach dieser Grundform gebaut. Um den zentralen Altar stehen in der Michaelskirche in Fulda acht Säulen. Wer die »sieben Tage« seines Lebens hinter sich gebracht hat, geht endlich in den achten Tag ein, der kein Ende hat.

So wie der achte Ton den Grundton wieder aufgreift, nur eine Oktave höher, so stellt der achte Tag den ersten Tag wieder her, aber gereinigt und »erhöht«. Augustinus deutet in einem Brief diesen Zusammenhang so: »Wenn du im Schöpfungsbericht von den sieben Tagen liest, wirst du beim siebten Tage keinen Abend erwähnt finden, da er eine Ruhe ohne Ende bedeutet. Da der Mensch sündigte, hatte das ursprüngliche Leben für ihn keine immerwährende Dauer; die Ruhe am Ende aber wird ewig dauern, und deshalb wird auch der achte Tag die ewige Seligkeit in sich schließen. Denn jene ewige Ruhe setzt sich am achten Tag fort und endet nicht an ihm, weil sie ja sonst nicht ewig wäre. Deshalb wird der achte Tag sein, was der erste war, und so das ursprüngliche Leben sich nicht als vergangen, sondern als mit dem Stempel der Ewigkeit bekleidet erweisen.«

So wird nun die Acht sogar noch über die Sieben gestellt. Vielleicht wollte man damit auch die in der antiken mythischen Welt so beherrschende Sieben noch übertreffen. Die Siebenzahl der Planeten und ihre Bahnen gehören – in dieser Betrachtung – noch zur »alten Welt«, mit der aufgehenden »Sonne der Gerechtigkeit« und dem Anbruch des achten Tages ist die Bedeutung des Siebener-Rhythmus relativiert. Sagt doch Clemens von Alexandrien: »Die Wanderung, die über die Wandelsterne hinausgeht, führt zum Himmel, das heißt zur achten Bewegung und zum achten Tag.«

Es ist erstaunlich, dass die Acht sogar als architektonisches Grundmodell immer wieder aufgegriffen wurde. Als Hans Sedlmayr sich mit den geistigen Grundlagen der mittelalterlichen Kathedrale befasste, ging ihm die Bedeutung der Achtzahl auf, er schrieb: »Auf einem Kapitell in Cluny (um 1095) heißt es: ›Octavus sanctos omnes docet esse beatos‹ (Die Acht lehrt, dass alle Heiligen

selig sind). Die Oktav ist als wiederhergestellte vollkommene Kon-
sonanz gleichsam Rückkehr zur ursprünglichen Harmonie und
›Seligkeit der Eins, der Prim. – Der achte Ton ist in allem vollkommen und übersteigt die irdischen Arbeiten und alle Mühsal. – Die
Einheit und die Zahl Acht sind die deutliche Grenze, an der das Irdische sich mit dem Jenseits berührt.« Was in den Mythen und
Symbolen vieler Kulturen sich findet, das bekommt also im Christentum ein ganz besonderes Gewicht.

Schon im alten Ägypten wurde der Gott Thoth in seiner Tem-
pelstadt Hermopolis Magna verehrt, die den ägyptischen Namen
»Schmun« hatte, was »Acht« bedeutet. Er wurde als Gott des Wissens und der Wissenschaft verehrt, war aber auch der heilende Arzt
und der Zauberer.

Im chinesischen Weisheitsbuch I Ging gibt es acht mal acht Zeichen, also insgesamt 64, die gleichsam die Fülle aller Schicksale
und Wandlungsmöglichkeiten kennzeichnen. Innerhalb dieser
Schicksalsverläufe soll derjenige, der das I Ging befragt, seinen eigenen Weg erkennen und seine Aufgaben daraus sich klarmachen.

Und im Islam findet sich die Vorstellung, dass es zwar sieben
Höllen gebe, aber acht himmlische Paradiese, denn Gottes Gerechtigkeit und sein Zorn sind groß, seine Barmherzigkeit und Gnade
noch größer.

Wir sollten auch nicht vergessen, dass die liegende Acht unser
Zeichen für Unendlichkeit ist. Die Doppelschleife mit ihren beiden Polen (die Griechen sprachen von Lemniskate) hat ihren eigenen Rhythmus und macht plötzlich aus der Acht ein dynamisches
Gebilde schwingender Bewegung.

Im Christus-Hymnus der apokryphen Johannesakten, die aus
einer gnostischen Gemeinde stammen, steht der rätselhafte Vers:
»Die Achtheit lobsingt mit uns.« Es muss offenbleiben, ob hier an
acht Engel gedacht ist oder welche geheimnisvolle Acht in den

Lobpreis einstimmt. Auf jeden Fall hat man diese Acht zu einer Einheit, einer Ogdoas, zusammengefasst und sich ihr verbunden gefühlt.

Eine hohe Bedeutung hat die Acht auch im System des Buddhismus. Der Ausgangspunkt des buddhistischen Denkens ist die Erkenntnis des Leidens, mit dem das menschliche Leben unaufgebbar verknüpft ist. Vier »erhabene Wahrheiten« sind es, die einen Einblick in die Leidensverflochtenheit des Menschen erschließen:

1. Das Leben besteht ganz und gar aus Leiden.
2. Das Leiden hat seine Ursache in der Begierde.
3. Die Ursache des Leidens kann gelöscht werden.
4. Es gibt einen Weg, um das Leid auszulöschen.

Auf der Grundlage dieser vier Wahrheiten hat Buddha einen Achtfachen Weg gewiesen (er wird auch der »Mittlere Weg« genannt), um Erlösung zu ermöglichen und das Leid aufzuheben. In seiner Predigt von Benares setzte er das »Rad der Liebe« in Bewegung. Der Mönch muss auf die Hingabe an seine Begierden verzichten, er muss aber ebenfalls auf die Hingabe an asketische Selbstpeinigung verzichten, um zur Einsicht zu kommen, den Frieden zu finden und zur Erleuchtung durchzustoßen. Die acht Schritte des Weges lassen sich so kennzeichnen:

1. Rechte Ansicht: Wissen um das Leiden des Alterns, der Krankheit und des Todes. Erkenntnis der Vergänglichkeit des Glücks.
2. Rechtes Entschließen: Verzicht auf weltliches Leben, Bereitschaft zur »Hauslosigkeit« des Mönchs oder der Nonne. »Gedanken frei von Lust, Gedanken frei von bösem Willen, Gedanken frei von Grausamkeit.«
3. Rechtes Reden. »Sich enthalten von Lügen, vom Zutragen, von harter Rede, von eitler Rede.«

4. Rechtes Handeln: »Sich enthalten vom Töten, vom Nehmen dessen, was nicht gegeben ist, von Ehebruch.«

5. Rechte Lebensweise: »Das Böse meiden und auf dem rechten Wege wandeln.«

6. Rechtes Streben: Beherrschung des Geistes, Wachsein im Gebrauch der Sinnesorgane.

7. Rechte Achtsamkeit: Kontrolle der Körperfunktionen. »Verweilen in der Übung der Körper-Betrachtung beim Körper, in der Übung der Gefühl-Betrachtung bei den Gefühlen, in der Übung der geistigen Objekte bei den geistigen Objekten, mit glühendem Eifer, klarem Verstehen und konzentrierter Aufmerksamkeit, nachdem er über die Begierlichkeit und den weltlichen Kummer Herr geworden ist.«

8. Rechte Sammlung: Einübung in verschiedene Stufen der Meditation, um die Gesetze des Leidens zu erkennen und zur Erleuchtung zu kommen. »Glücklich der Mensch, der Gleichmut und Wachsamkeit sein eigen nennt.«

Wer den achtfachen Pfad geht, hat die Hoffnung, dem Kreislauf des Wiedergeborenwerdens zu entrinnen und ins Nirvana einzugehen. Der achte Schritt ist der Übergang, die Erleuchtung kommt in die Sphäre des Möglichen. Eine gewisse Ähnlichkeit zum »achten Tag« der Auferstehung Christi, zum Überstieg ins Vollkommene, ist unverkennbar.

Die Neun

Es könnte sein, dass es in früher Zeit neuntägige Wochen gegeben hat, dass überhaupt die Neun ein größeres Gewicht hatte als die Sieben. Allmählich scheint die Sieben die Neun verdrängt zu haben. So wird von einem Fest berichtet, das zu Ehren Apollos alle neun Jahre in Delphi gefeiert wurde. Auch Zeusfeste wurden in einem Neun-Jahres-Rhythmus begangen.

In China hat sich die Neun als die Zahl der himmlischen Sphären lange gehalten, die Neunzahl der Stockwerke von Pagoden ist als Abbild des Himmels gedacht. Auch vom Tao nahm man eine neunfache Erscheinungsweise an.

Aber auch die Germanen sprachen von neun Welten und schätzten die Neun hoch. Von Odin wird berichtet, dass er neun Tage und neun Nächte an der Eiche Yggdrasil hing. Danach fand er die Runen und kam zur geheimen Weisheit. Odin, der ewige Wanderer, der ruhelos über die Erde zieht, ist der Inbegriff der Impulsivität, ein Wütender, aber auch ein Poet, der von der Inspiration erfasst wird, nicht minder aber von den Affekten. Neun Tage und Nächte muss er in einem Baum ausharren, kann seine Wut nicht ausagieren, sondern ist zur Bewegungslosigkeit verurteilt. Auf diese Weise kann er aber zur Weisheit gelangen und zum Kulturstifter werden, indem er die Schrift erfindet. Die Neun hat also den Charakter einer Wandlung, der Vorbereitung einer neuen Gestalt, eine geistige Schwangerschaft muss vollzogen werden.

Schon häufig ist es den Philologen aufgefallen, dass unser Wort »neun« und die Neun in ganz verschiedenen Sprachen jeweils eine auffällige Ähnlichkeit zum Wort »neu« hat. Das hieße, dass mit der Neun ein neuer Bereich anfängt, eine Zählreihe, die mit der Acht abgeschlossen worden war. Vielleicht spielt auch der Gedanke, dass

ein Kind, ein neues Leben, nach neun Monaten der Schwangerschaft das Licht der Welt erblickt, eine Rolle. Im hebräischen Alphabet ist Teth der neunte Buchstabe und hat deshalb auch den
Zahlenwert neun. Nach einer Überlieferung bedeutet das Wort
Teth auch Gebärmutter, den Ort im Leib der Frau, in dem sich das
keimhafte Leben entfaltet.

Selbstverständlich weist die Neun auf die Drei zurück, ist sie
doch die potenzierte Drei. So ist immer zu vermuten, dass die
Neun die Mysterien der Drei wieder aufgreift und weiter differenziert. Wenn Drei eine Vollendungszahl ist, dann muss es die Neun
umso mehr sein.

Die Musen wurden als Schutzgöttinnen der Künste verehrt.
Mnemosyne (die Erinnerung) gebar sie dem Zeus. Zunächst ist
nur von dreien die Rede, später aber zählt man neun:

Erato – die Muse der Liebeslyrik und der erotischen
Dichtkunst,

Euterpe – die Muse des Flötenspiels,

Kalliope – die Muse der epischen Dichtung,

Klio – die Muse der Geschichtsschreibung,

Melpomene – die Muse der Tragödie,

Polyhymnia – die Muse der Musik und des Tanzes,

Terpsichore – die Muse der Lyra und des Tanzes,

Thalia – die Muse des Lustspiels,

Urania – die Muse der Sternkunde.

Sie stellen also die Fülle der künstlerischen Tätigkeit dar, das ganze
Spektrum musischer Fruchtbarkeit.

Der Lebensbaum wird häufig mit neun Ästen dargestellt. Und
wenn der Märchenheld auf den Wunderbaum steigt, der ihn in die
jenseitigen Bereiche bringt, dann muss er dreimal neun Tage lang

hinaufklettern. Und als Ramon Llull darstellen wollte, wie viele Stufen der Weg zur himmlischen Stadt, zum oberen Jerusalem, hat, da hat er selbstverständlich neun Stufen benannt.

Dionysios Areopagita, ein mystisch und spekulativ begabter syrischer Mönch, der etwa um das Jahr 500 gelebt hat, versuchte die verschiedenen biblischen Berichte über die Engel und Engelscharen zu systematisieren; so entwickelte er eine himmlische Hierarchie der Engel mit neun Chören: Engel und Erzengel, Cherube und Seraphe, Throne, Herrschaften, Gewalten, Fürsten und Mächte (oder Anfänge). Auch hier müssen es neun sein. Und sie sind konzentrisch um den göttlichen Thron angeordnet, um den Willen Gottes zu erfüllen, als seine Boten zu fungieren, vor allem aber, um sein Lob zu singen.

Aber die Neun bezeichnet auch eine Vorbereitungszeit, die auf die Zehn wartet. Eine Novene ist ein neuntägiges Gebet, das in einem bestimmten Anliegen gesprochen wird. Die Urnovene wurde von dem Jüngerkreis Jesu nach der Himmelfahrt gebetet. Es heißt in der Apostelgeschichte: »Sie stiegen in das Obergemach, in welchem sie sich auch weiterhin aufhielten. Es waren Petrus und Johannes, Jakobus und Andreas, Philippus und Thomas, Bartholomäus und Matthäus, Jakobus, des Alphäus Sohn, Simon der Eiferer, und Judas, der Bruder des Jakobus. Sie alle verharrten einmütig im Gebet, und mit ihnen die Frauen, Maria, die Mutter Jesu, und seine Brüder« (1,13f.). Neun Tage verharrten sie hier – bis zum Pfingsttage, das war der zehnte Tag.

Aber die Neun taucht auch in anderen Zusammenhängen auf. Zum Kegelspiel gehören neun Kegel, und wer einen großen Treffer landen will, der muss mit einem Wurf »alle Neune« umwerfen. »Alle Neune« treffen, das bedeutet dann auch: eine ganze Sache besorgen, mit einer Angelegenheit reinen Tisch machen, einen großen Treffer landen.

Wer dagegen »neunmalklug« oder »neunmalgescheit« ist, der wird eher als vorlaut und aufdringlich empfunden, er will mit seinem Vorwitz immer das letzte Wort haben.

»Eine Sechs für eine Neun ausgeben«, das bedeutet, die Zahlen auf den Kopf stellen, wobei sie ihren Wert verändern. Was weniger wertvoll ist, wird als das Kostbare hingestellt, der andere wird also beschwindelt.

Beenden wir unsere Betrachtung über die Neun mit einem Hinweis auf die Astrologie. Bei den Horoskopen werden ja verschiedene »Häuser« unterschieden, die – je nach Besetzung mit den Planeten – eine förderliche oder hinderliche Bedeutung für das menschliche Dasein haben. Das neunte Haus nun hat es zu tun mit dem Glauben und der Weltanschauung, mit der Gottesbeziehung und der Grundeinstellung zur menschlichen Pilgerschaft. Wer hier gut aspektiert ist, kann sein Glück und seine Seelenruhe im Glauben finden.

Die Zehn

Der zehnte Buchstabe des hebräischen Alphabets ist Jod, was »Hand« bedeutet. Vielleicht ist hier schon an die Zehnfingrigkeit unserer Hände gedacht. Das Zählen haben die Menschen ja am Abzählen ihrer zehn Finger gelernt, so wurde die Zehn nicht einfach zu einer beliebigen Zahl, sondern zu einer runden Zahl, die Vollständigkeit signalisiert.

Das Dezimalsystem hat sich zwar nicht auf der ganzen Welt durchgesetzt, aber es kommt immerhin in den verschiedensten Kulturen vor, zum Beispiel im alten China und im alten Ägypten. So sehr haben die Ägypter ihr Leben auf der Zehn begründet, dass sie das Jahr in 36 Wochen zu je zehn Tagen untergliederten. Dann blieben noch fünf Tage übrig, die als die Geburtstage der fünf Götter des Osiriskreises gefeiert wurden.

Die höchste Verehrung genoss die Zehn bei den Pythagoreern, weil sie sie als Summierung der vier ersten Zahlen unserer Zahlenreihe verstanden. Die Ursprungszahl Eins und die Zwei, Zahl der Dualität alles Seienden, addiert mit der Zahl der heiligen Drei und mit der irdischen Zahl der Elemente (Vier), das ergab die Zehn, nun die Zahl der Vollkommenheit, die »allumfassendste, allbegrenzende Mutter«.

Die Wichtigkeit der Zehn Gebote, des Dekalogs (eigentlich: die »zehn Worte«), stellt die Zahl zehn in der biblischen Tradition heraus. Auffällig ist, dass auch Buddha zehn Gebote aufgestellt hat, fünf für die Laien, fünf für die Mönche. Wer die Vollkommenheit erreichen will, muss sie alle einhalten.

So wird nun die Zehn als »Regel und Maß aller Zahlen, aller Berechnungen und Harmonien« gepriesen (Eusebius). »Der Sinn und Ursprung aller Zahlen steigt aus der Zehn auf«, sagt Origenes, und Augustin postuliert: »Die Zehnzahl bezeichnet die Fülle der Weisheit.«

Aber nicht nur die Zehn Gebote sind es, die die göttlichen Forderungen an den Menschen zusammenfassen, auch Aristoteles entwickelt ein philosophisches System der zehn Kategorien, um die Wirklichkeit systematisch erfassen zu können.

Als man die Monate noch nach den beobachtbaren Vollmonden zählte, hat man die Schwangerschaft mit zehn Monaten berechnet, und das gesamte Leben des Menschen wurde dann auch in Dekaden gezählt. Das Sprichwort hat sie dann so gekennzeichnet:

Zehn Jahr – ein Kind,
zwanzig Jahr – ein Jüngling,
dreißig Jahr – ein Mann,
vierzig Jahr – wohl getan,
fünfzig Jahr – stille stahn,
sechzig Jahr – gehts Alter an,
siebzig Jahr – ein Greis,
achtzig Jahr – nimmer weis,
neunzig Jahr – der Kinder Spott,
hundert Jahr – Gnad dir Gott.

Wenn in der Bibel die Zehn vorkommt, bezeichnet sie häufig eine runde Größe: Da ist von zehn Talenten die Rede, von zehn Jungfrauen, die auf den Hochzeitszug warten (und von denen nur fünf klug waren und vorgesorgt hatten), zehn Aussätzige werden geheilt, aber nur einer kehrt um, damit er sich bei Jesus bedanken kann.

Nicht immer hat die Zehn einen positiven Zusammenhang: Zehn ägyptische Plagen nötigen den Pharao und die Ägypter, das Volk Israel endlich in die Freiheit ziehen zu lassen. Der Drache und das Tier der Johannesapokalypse haben zehn Hörner, sind also sehr mächtig. – Den Zehnten von seiner Ernte oder seinem Vieh abzugeben stimmte auch nicht gerade froh. Am schlimmsten aber war es, wenn eine meuternde Soldatengruppe dezimiert wurde, dann wurde nämlich jeder zehnte erschossen.

Eine sehr viel geheimnisvollere Deutung brachte allerdings das römische Zahlzeichen für Zehn (X), das man in christlicher Zeit für den griechischen Buchstaben Chi nahm und als den Anfangsbuchstaben Christi las. Und der erste Buchstabe Jesu, das Jota, hatte als Zahlenwert zehn, sodass man auch hier eine geheime Deutung erkennen konnte.

Die geheimnisvollste Deutung der Zehn hat wohl die jüdische Kabbala entwickelt. Gott selbst wohnt in unzugänglichem Licht, er übersteigt in seiner Wesenheit unsere Wahrnehmungsfähigkeit so sehr, dass wir ihn nicht direkt erkennen und beschreiben können. Aber dieser Gott, der mit keiner Gestalt in eins gesetzt und mit keinem Namen wirklich benannt werden kann, gibt sich kund, er entfaltet seine schöpferischen Kräfte, und diese Emanationen werden von den jüdischen Mystikern die zehn Sephirot genannt. Diese Sephirot bilden aber eine Einheit, unser schwaches Wahrnehmungsorgan für das Ganze nur unterscheidet sie.

Zehn Aspekte sind es also, in denen die dynamischen Kräfte Gottes angesprochen und ausgedrückt werden können, zehn Energien, zehn geheimnisvolle Worte mit wirkender Kraft. Man stellt sich diese Zehnerkraft gewöhnlich als einen Baum vor, dessen Wipfel den Himmel berühren und dessen Wurzeln in der heiligen Erde festsitzen. Es ist aber eigentlich ein Baum, der von oben nach unten wächst. Die erste Sephira, Keter oder Krone genannt, ist noch ganz nahe dem »Ungrund«, dem Unendlichen, das En-Sof genannt wird. Es ist die Stelle, an der Gottes Königswürde aus dem Unergründbaren hervortritt. In den beiden nächsten Sephirot kommt die väterliche und die mütterliche Seite Gottes zum Vorschein: Chochma, die Weisheit, und Bina, die Einsicht und der mütterliche Lebensquell. Die vierte und fünfte Sephirot stellen das Gegensatzpaar Liebe und Gericht dar, Gnade und Strenge, Chessed ist die Gnade und Din die Strenge des Gerichts. Die sechste Sephira, die in der Mitte steht, Tif'ereth, vereinigt die Gegensätze; sie wird Herrlichkeit genannt, aber auch Erbarmen. Die siebte Sephira heißt Nezach, das bedeutet Sieg und verdeutlicht die dauerhafte Gegenwart Gottes. Die achte wird Hod genannt, Pracht, und stellt die Majestät Gottes dar. Von besonderer Bedeutung sind die beiden letzten Sephirot, weil sie am nächsten zur Erde und zur Menschenwelt stehen. Jessod bedeutet das Fundament, den Grund für das Wirksamwerden, es ist noch einmal ein männliches Zeichen, während die zehnte Sephira Malchut genannt wird, das Reich, der Bund. Diese letzte Sephira heißt auch die untere Mutter (Bina war die »obere Mutter«), sie ist der Ort der besonderen göttlichen Einwohnung (Schechina).

Man kann diesen »Baum« auch als den von Gott geschaffenen Urmenschen verstehen, in dem die göttliche Idee der Schöpfung noch ungebrochen gegenwärtig ist, der mann-weiblich angelegt ist und die Kraft und die Schönheit des Schöpfers repräsentiert. Die zehn Aspekte sollen verdeutlichen, dass es eine Verbindung von oben nach unten gibt, das Unsichtbare geht auf das Sichtbarwerden zu, die Vollgestalt soll Wirklichkeit werden.

Die von der Kabbala beeinflussten Meister wurden nicht müde, das Geheimnis der zehn Sefiroth zu umkreisen und in ihnen die Weisen der Selbsterschließung Gottes wahrzunehmen. Abraham Herrera hat in seinem um 1620 erschienenen Buch »Die Himmelspforte« folgende Kennzeichnung gegeben: Die Sefiroth sind »Spiegel seiner Wahrheit und Analogien seines erhabenen Seins; Ideen seiner Weisheit und Repräsentationen seines Willens; Behältnisse seiner Kraft und Instrumente seiner Tätigkeit; Schatzkammern seiner Seligkeit und Verteilerinnen seiner Gnade; Richter seines Reiches, die seinen Richterspruch ans Licht bringen; und zugleich auch die Bezeichnungen, Attribute und Namen jenes, der der Höchste von allen und die Ursache von allem ist; zehn unauslöschliche Namen; zehn Attribute seiner erhabenen Majestät; zehn Finger seiner Hände; zehn Lichter, in denen er sich selber ausstrahlt, und zehn Gewänder, mit denen er bekleidet ist; zehn Visionen, unter denen er erscheint; zehn Formen, unter denen er alles geformt hat; zehn Heiligtümer, in denen er verherrlicht wird; zehn Grade der Prophetie, durch die er sich manifestiert; zehn Katheder, von denen aus er lehrt; zehn Throne, auf denen er die Völker richtet; zehn Abteilungen des Paradieses für die, die dessen würdig sind; zehn Stufen, auf denen er hinabsteigt und auf denen man zu ihm aufsteigen kann; zehn Lager, die allen Influxus (Einfluss) und Segen produzieren; zehn Zwecke, nach denen alles Verlangen trägt, die aber nur die Gerechten erreichen; zehn Lichter, die alle Intelligenten erleuchten; zehn Arten von Feuer, die alle Begehren auslöschen; zehn Arten der Glorie, die alle vernünftigen Seelen beseligen; zehn Worte, durch die die Welt geschaffen wurde; zehn Geister, durch die sie bewegt und am Leben erhalten wird; zehn Zahlen, Maße und Gewichte, durch die alles gezählt, gewogen und gemessen wird; zehn Prüfsteine, durch die die Vollendung aller Dinge geprüft wird; zehn Kategorien, in denen alles enthalten ist; die allgemeinsten Genera, in deren Schoß alles umfasst ist und aus dem es herauskommt.«

Nach diesem Hymnus ist die Zehn die entscheidende Zahl, die uns eine Brücke baut zum Unbegreiflichen und Verborgenen. Es ist die Zahl der göttlichen Selbsterschließung und Selbstmitteilung.

Nach den kabbalistischen Höhenflügen werfen wir noch einen Blick in den Sprachgebrauch des Alltags. Da wird die Zehn als runde Summenzahl angesehen, wobei es vor allem die althergebrachte »Würde« der Zehn ist, die dazu führt, dass gerade sie genannt wird. Volksmund und Sprichwort sagen:

– Ein Narr kann mehr Fragen stellen als zehn Weise beant-
worten können.

– Es spielen sich eher zehn arm als einer reich.

– Was ein Streich nicht tut, das tun zehn Streiche.

– Besser ist ein Augen- als zehn Ohrenzeugen.

– Man soll lieber zehn ehrlich machen als einen zum Schelmen.

– Besser ist es, zehn Schuldige los zu machen als einen
Unschuldigen verdammen.

– Freunde in der Not gehn zehn auf ein Lot.

Die Elf

Von ihrer Etymologie her hat die Elf eine seltsame Bedeutung: eins Zuviel, eins bleibt übrig. So sehr empfand man die Zehn als runde und geschlossene Zahl, dass der elfte als überflüssig empfunden wurde, man wusste nicht recht, wohin damit.

Allerdings kann man auch umgekehrt argumentieren: Der Elf fehlt einer, denn die Zwölf ist ja wieder eine bedeutsame kosmische Vollzahl. So steht also die Elf etwas hilflos eingeklemmt zwischen der »Zehnfingerzahl« und der Zahl des runden Dutzends, entweder ist eins zu viel, oder es fehlt eins, nie kann man sich mit der Elf abfinden. Es mag sein, dass diese Zahl als eine illegitime Grenzüberschreitung empfunden wurde, so wie es der Astrologe Seni in Schillers Piccolomini ausdrückt: »Elf ist die Sünde. Elfe überschreitet die zehn Gebote.«

Aber auch der Mangel des Zwölften mag das Unbehagen über die Elf verursachen. Zwölf Männer hat Jesus zu seinen Aposteln berufen, einer aber wurde zum Verräter, auf ihm ruht der Schatten der Schuld, er hat bewirkt, dass die Vollzahl nicht beibehalten wurde. Das Volkslied hat es eingefangen:

Elf Apostel blieben treu,
einer trieb Verräterei.

Und doch hat auch die Elf eine andere Seite: Die Zahl deutet die Chance der Umkehr und der Buße an. Wenn eine Gefahr droht und ein wichtiger Schritt in eine andere Richtung nötig wird, dann sagen wir: »Es ist fünf Minuten vor zwölf«, es wird bald zwölf schlagen. Die Zeit zwischen elf und zwölf scheint eine letzte gewährte Frist zu bieten, die Zeichen der Zeit zu erkennen und sich in einem neuen Denken einzuüben. Das Verhängnis steht vor der

Tür, eine Katastrophe droht hereinzubrechen, aber ein entschlossenes Handeln kann auch noch eine Wendung herbeiführen. Mit dem Zwölfuhrschlag bricht das Gericht herein, bis dahin kann das Unheil noch abgewendet werden.

In der Welt des Sports spielt die Elf einer Fußballmannschaft eine Rolle. Bekanntlich setzt sich diese Elf aus den zehn Feldspielern und dem Torwart zusammen. Und eine etwas närrische Rolle spielt die Elf beim Karneval. Ein »Elferrat« übernimmt die Herrschaft, am 11.11. wird der künftige Prinz gekürt.

Die Zwölf

In vielen alten Kulturen war die Zwölf die Zahl der Vollkommenheit. Zunächst einmal sind die Drei und die Vier aufgenommen, weil die Zwölf beide in sich enthält, die »göttliche Drei« und die »irdische Vier«. Aber in der Zwölf sind auch die Fünf und die Sieben, deshalb kann Schiller seinen Seni sprechen lassen: »Fünf und Sieben, die heil'gen Zahlen liegen in der Zwölfe.«

Die größte Wirkung hat die Zwölf bekommen, weil man den Sonnenlauf im Jahresbogen als Gang durch zwölf Regionen beschrieb, das Jahr also eine Zwölferteilung bekam. Die »zwölf Monde« ergaben das Jahr, so haben schon die Babylonier gerechnet. Die Tierkreiszeichen wurden nun zur bestimmenden Zwölf, und sie war maßgeblich für viele andere Gruppierungen. Bis in die Gegenwart fasziniert die Astrologie mit ihrem Deutungsschema; das Horoskop soll Auskunft geben, welche Bedeutung die Sternstellung im Moment der Geburt für das Schicksal des Neugeborenen haben kann, wobei unter den sogenannten »Tierkreiszeichen« unterschieden werden:

drei feurige Zeichen: Widder, Löwe, Schütze;
drei wäßrige Zeichen: Krebs, Skorpion, Fische;
drei luftige Zeichen: Zwillinge, Waage, Wassermann;
drei irdische Zeichen: Stier, Jungfrau, Steinbock.

Allerdings betonen die Sternkundigen, dass nicht allein das Tierkreiszeichen wichtig sei, in dem die Sonne bei der Geburt steht, sondern mindestens ebenso der Aszendent und die Stellung der Planeten in den zwölf »Häusern«.

Auch der Tag wird in zwölf Strukturelemente eingeteilt, in die Stunden, ebenso viele Stunden hat die Nacht, wobei die Ägypter annahmen, dass die Sonne zwölf Stunden brauche, um die Nachtfahrt zu vollenden und wieder den Tag heraufzuführen.

Die alten Griechen verehrten zwölf olympische Götter, deren Haupt Zeus war. Es waren immer Götterpaare, nämlich Zeus und Hera, Poseidon und Demeter, Apollo und Artemis, Ares und Aphrodite, Hermes und Athena, Hephaistos und Hestia.

Ob die zwölf Taten des Herakles eine Beziehung zu den zwölf Tierkreiszeichen haben, ist nicht sicher. Er selbst wird jedenfalls als sonnenhafte Gestalt verehrt, der Ordnung in die Welt bringt und gleichsam messianische Zeichen wirkt. Im Dienst Eurystheus' vollbrachte er folgende zwölf Taten: Er erwürgte den Löwen von Nemea, tötete die siebenköpfige Schlange Hydra, fing die Hirschkuh von Keryneia, erlegte die menschenfressenden Vögel der stymphalischen Sümpfe, fing den erymanthischen Eber und brachte ihn lebend vor Eurystheus, der sich vor Angst in einen Pithos, ein irdenes Speichergefäß, verkroch, er reinigte die Ställe des Augias, er bändigte den feuerschnaubenden Stier von Kreta, er zähmte die menschenfressenden Rosse des Diomedes, er gewann den Gürtel der Hippolyte, der Amazonenkönigin, er holte die Rinder des Geryoneus, eines Riesen, er holte – mithilfe des Atlas – die Äpfel der Hesperiden, und er holte den Höllenhund Kerberos aus der Unterwelt.

In der jüdischen Geschichte war von entscheidender Bedeutung, dass sich das Volk als Gemeinschaft von zwölf Stämmen verstand, die Stämme führten sich auf die zwölf Söhne Jakobs zurück: Ruben, Simeon, Levi, Juda, Dan, Naftali, Gad, Ascher, Issachar, Sebulon, Josef und Benjamin. So wurde die Zwölf bei den Juden zur heiligen Zahl, die die Gesamtheit des Volkes kennzeichnet.

Wenn Jesus gerade zwölf Apostel wählte, dann natürlich, um der heiligen Zwölfzahl zu entsprechen; dem Gottesvolk Israel wurden die Grundsteine des neuen Bundes gegenübergestellt: Simon Petrus,

Andreas, Jakobus, Johannes, Philippus, Bartholomäus, Matthäus, Thomas, Jakobus (des Alphäus Sohn), Simon der Zelot, Judas, des Jakobus Sohn, und Judas Iskariot (Lukas 6,14-16). Die Zwölf erscheint hier als Zahl der Erwählung und der Begründung des neuen Gottesvolkes. Wie die zwölf Stämme das Symbol Israels waren, so sind nun die zwölf Apostel das Symbol der Kirche.

Augustin interpretiert die Zwölfzahl der Apostel folgendermaßen: »Warum sind es zwölf Apostel? Weil die Erde vier Teile hat und der ganze Erdkreis durch das Evangelium berufen wurde. Darum sind vier Evangelien geschrieben. Die ganze Welt wird im Namen der Dreifaltigkeit gerufen, damit sich die Kirche versammle. Dreimal vier ergibt zwölf.«

In der Johannesapokalypse ist die Zwölf – neben der Sieben – die entscheidende Zahl, die immer wieder vorkommt. Die himmlische Stadt, das neue Jerusalem, ist von einer Mauer umgeben, die von zwölf Toren durchbrochen ist. Auf den zwölf Toren stehen zwölf Engel, und auf jedem Tor ist einer der Namen der zwölf Stämme Israels geschrieben. Die Mauer hat zwölf Grundsteine, auf ihnen stehen die Namen der zwölf Apostel. Die Grundsteine bestehen aus zwölf Edelsteinen: einem Jaspis, einem Saphir, einem Chalzedon, einem Smaragd, einem Sardonyx, einem Sardion, einem Chrysolith, einem Beryll, einem Topas, einem Chrysopras, einem Hyazinth und einem Amethyst. Und die zwölf Tore bestehen aus zwölf gewaltigen Perlen. Und schließlich tragen die Lebensbäume zwölfmal im Jahr Früchte, in jedem Monat also. Auch die Ausmaße der himmlischen Stadt, die ein gewaltiger Kubus ist, wird im Zwölfermaß gemessen: Das Maß der Stadt ist 12 000 Stadien (Kapitel 21). Die Auserwählten, die diese Stadt bewohnen dürfen, sind eine Anzahl von 12 x 12 000, also 144 000 Heiligen (7,4). Es versteht sich wohl von selbst, dass diese Zahlen nicht als »berechnete Maße« verstanden werden sollen, sondern Ausdruck sind der idealen Zwölf, der vollkommenen Zahl.

In der Johannesoffenbarung ist auch von einem großen Zeichen am Himmel die Rede: »Eine Frau, mit der Sonne bekleidet, der Mond war unter ihren Füßen und ein Kranz von zwölf Sternen auf ihrem Haupt. Sie war schwanger und schrie vor Schmerzen in ihren Geburtswehen« (12,1 f.). Mit dem schwangeren Weib ist wohl die endzeitliche Gemeinde gemeint, die in Wehen liegende Kirche, die das Ende der Verfolgungszeit herbeisehnt. Wenn ihr Haupt von zwölf Sternen umgeben ist, dann soll das wohl die Hoffnung ausdrücken: Die Fülle ist schon angebrochen, die Vollendung des Gottesreiches ist verborgen schon da, das »Kind«, das geboren wird, ist der wiederkommende Christus.

Auf ein paar andere Erscheinungsweisen der Zwölf müssen wir noch hinweisen. Mit zwölf Jahren wurde der junge Jude mündig – und wird es auch heute noch. Er feiert dann das Bar-Mizwa-Fest, weil er nun ein »Sohn des Gesetzes« wird. Auch der zwölfjährige Jesus hat ja die vorgeschriebene Wallfahrt nach Jerusalem zum Tempel mitgemacht, wie uns das Lukasevangelium berichtet (2,41-52).

Das Mädchen bekommt mit zwölf Jahren gewöhnlich die erste Regel, wird also damit Frau und – in manchen Kulturen – auch heiratsfähig.

Das alte China kannte eine zwölftönige Tonleiter mit sieben ganzen und fünf halben Tönen. Bemerkenswerterweise entwickelte man zu Beginn unseres Jahrhunderts die Zwölftonmusik (Arnold Schönberg), die Dodekaphonie, die alle zwölf Töne der chromatischen Skala umfasst.

Im Volksglauben spielen die »zwölf heiligen Nächte« eine große Rolle, es sind die Nächte zwischen Weihnachten und Dreikönig. Trotz ihres »heiligen« Namens sind es gefährliche Nächte, in denen die wilde Jagd durch die Lüfte braust; deshalb darf man in dieser Zeit bestimmte Arbeiten nicht verrichten. In christlicher Zeit hat man die heidnischen Fest- und Zeitvorstellungen umzudeuten versucht. Das Sprichwort sagt: »In den Zwölfen muss man den Wolf nicht bei seinem Namen nennen.«

Auch die Mittagsstunde, wenn es also zwölf Uhr ist, hat sich im Volksglauben niedergeschlagen. Vor allem im Sommer, wenn die Luft flimmert und zittert, wenn die menschlichen Sinne verwirrt werden und durch die Hitze der klare Verstand getrübt ist, tauchen Mittagsgeister auf oder werden ängstigende Halluzinationen wahrgenommen. Pan schläft um diese Stunde, so wird uns schon aus der Antike überliefert, aber wenn er aufwacht, dann erschreckt er die Leute, was vor allem deshalb so nachhaltig wirkt, weil in der Mittagszeit meist eine besonders auffallende Ruhe herrscht.

Noch unheimlicher ist die Mitternachtsstunde, die Zeit also zwischen elf und zwölf oder zwölf und eins, es ist die Geisterstunde, wo alles dunkle Volk auftauchen kann.

Zwischen zwölf und ein
sind alle Geister aufn Bein',

heißt deshalb ein alter Spruch. Der wilde Jäger kann jetzt herankommen, auch Berg- und Waldgeister und Wasserfrauen. Weil aber der Teufel als Herr der Nacht gilt, muss vor allem mit seiner Macht gerechnet werden. Die Hexen zeigen sich in ihrer wahren Gestalt, und die drückenden Alpwesen setzen sich den Schläfern auf die Brust. Selbstmörder und hingerichtete Verbrecher tauchen auf und verbreiten Schrecken. Aber um Mitternacht können auch verborgene Schätze gehoben werden, hilfreiche Heilkräuter lassen sich um diese Zeit finden, und der Liebeszauber und die Zukunftsschau haben ihre günstige Stunde.

Schließlich kommt die Zwölf auch in einem abwertenden Sinn vor. Das »Dutzend« ist ja eine andere Bezeichnung für die Zwölf (von duodecim). Wenn nun etwas »im Dutzend« verkauft wird, ist es meist Massenware und hat keine besondere Qualität. Im Dut-

zend ist es meist etwas billiger. Ein »Dutzendgesicht« ist ein Aller-
weltsgesicht, es unterscheidet sich nicht von den anderen.

Weil dagegen der fromme Christ immer auf den Anbruch der
Parusie warten soll und in Bereitschaft der Ankunft Christi steht,
singt der Nachtwächter in seinem Stundenruf so:

> Zwölf, das ist das Ziel der Zeit.
> Mensch, bedenk die Ewigkeit!

Eine unrühmliche Bedeutung hat die Zwölf dadurch bekommen,
dass das unselige »Dritte Reich« zwölf Jahre gedauert hat und die
ganze Welt in diesen zwölf Jahren von Überfällen, Kriegen und
Vernichtungsaktionen heimgesucht wurde. Ein Gedicht von Werner Bergengruen erinnert an diese dunkle Zeit, es heißt »An die
Völker der Erde« und beginnt:

> Zwölf, du äußerste Zahl
> und Maß der Vollkommenheiten,
> Zahl der Reife, der heilig gesetzten!
> Vollendung der Zeiten!
> Zwölfmal ist das schütternde Eis
> auf den Strömen geschwommen,
> zwölfmal das Jahr zu des Sommers
> glühendem Scheitel geklommen,
> zwölfmal kehrten die Schwalben,
> weißbrüstige Pfeile, nach Norden,
> zwölfmal ist gesät
> und zwölfmal geerntet worden.
> Zwölfmal grünten die Weiden
> und haben die Bäche beschattet,
> Kinder wuchsen heran
> und Alte wurden bestattet.

Viertausend Tage,
    viertausend unendliche Nächte,
Stunde für Stunde befragt,
    ob eine das Zeichen brächte!
Völker, ihr zählt, was an Frevel
    in diesem Jahrzwölft geschehen.
Was gelitten wurde,
    hat keiner von euch gesehen.
Keiner die Taufe, darin wir getauft,
    die Buße, zu der wir erwählt,
und der Engel allein
    hat Striemen und Tränen gezählt ...

Bergengruen erinnert an die Verbrechen der einen und die Trägheit der anderen, aber er fordert auch auf, gemeinsam umzukehren und nach diesem schrecklichen Jahrzwölft einen neuen Beginn zu wagen.

Die Dreizehn

In unserer Umgangssprache und in den Alltagsvorstellungen hat die Dreizehn fast durchweg einen fragwürdigen Beigeschmack bekommen; der Aberglaube hat sich ihrer bemächtigt! Dreizehn Gäste dürfen nicht eingeladen werden, sollen nicht an einem Tisch sitzen. Wenn dreizehn Personen sich trotzdem zusammenfinden, muss innerhalb eines Jahres einer sterben. Dreizehn wird im Volksmund »des Teufels Dutzend« genannt. Wenn einer »alle Dreizehn treibt«, dann ist er liederlich und macht dumme Sachen. Und wenn etwas Unerhörtes geschieht, das allgemeines Staunen oder Empörung hervorruft, dann sagt man: »Jetzt schlägt's dreizehn!« Wer in einer Runde als überflüssig erscheint, der ist »der dreizehnte im Dutzend«, was bedeutet: Er kann sich davonmachen. Vielleicht wird er auch als Eindringling und unwillkommener Gast empfunden. Aber auch als Hausnummer ist die Dreizehn unwillkommen, das Zimmer mit dieser Nummer ist im Hotel oft nur eine Abstellkammer.

Die Abwertung der Dreizehn hängt natürlich mit der hohen Wertschätzung der Zwölf zusammen. Die Zwölf wurde als harmonische Zahl empfunden, als Inbegriff der Ordnung, so wurde aus der Dreizehn die Zahl der Störung und der Disharmonie. Eine Grenze schien verletzt und übertreten zu sein.

Aber die Dreizehn hat auch eine ganz andere Seite, diesen Aspekt gilt es ebenso zu bedenken. Viele Indizien weisen darauf hin, dass man in matriarchalisch orientierten Kulturen das Jahr nicht in zwölf Monate eingeteilt hat, sondern dreizehn Mondmonate zählte. Jeder Monat hatte 28 Tage. Da in dieser Ära der Menstruationskalender besonders wichtig war, bekam der Monatszyklus sogar einen heiligen Charakter. Es ist gut möglich, dass gerade die Dreizehn der Nacht und dem Mond geweiht war. Beim Übergang zum

Patriarchat wurde die Dreizehn nicht nur entthront, sondern sogar verteufelt. Nun ist die plötzlich auftauchende dämonische Frau »die böse Dreizehn«. Die Zwölf wird zur herrschaftlichen Zahl, die Zwölferordnung zum Inbegriff der Weltstruktur.

Im Märchen »Dornröschen« wird die dreizehnte Fee nicht zum Fest eingeladen, offenbar fürchtet man, dass sie Unheil stiftet. Aber sie kommt auch ungeladen und kündet ihren Verwünschungsspruch. Wenn es stimmt, dass dieses Märchen am Übergang vom matriarchalischen zum patriarchalischen Zeitalter steht, wie manche Märcheninterpreten annehmen, dann erscheint in dieser dunklen Fee die Königin der Nacht, die Mondgöttin, und rächt sich dafür, dass man sie entmachtet hat und nun alles vom Tagesgestirn, der Sonne, erwartet und den Nachtbereich als Wirkungsfeld des Bösen denunziert. Die Nachtfrau behält aber noch eine geheime Macht und bringt sich nachdrücklich in Erinnerung. Der Kreislauf von Leben und Tod ist ihr weiter zugeordnet, der Zugang zur Unterwelt wird weiterhin von ihr beherrscht. Deshalb kann sie auch die Königstochter – als das Hoffnungsprinzip – in einen lähmenden Schlaf hineinzaubern und damit das Leben zum Stillstand bringen. Erst wenn dieser Bann gebrochen wird, kann die Geschichte weitergehen, kann wieder Hochzeit gefeiert werden, können wieder Kinder zur Welt kommen.

Übrigens war auch für die Babylonier die Dreizehn eine Zahl der Unterwelt. Für viele antike Kalender war der dreizehnte Monat ein Schaltmonat, der Gefahren mit sich brachte.

Aber wir müssen noch einmal neu ansetzen, die Dreizehn wird nämlich in bestimmten Zusammenhängen zu einer Hoffnungs- und Zukunftszahl, wenn mit ihr auch Gefahren verbunden sind. Im Märchen »Die zwölf Brüder« hat ein König zwölf Kinder, es sind alles Buben. Als nun die Königin wieder ein Kind erwartet, ordnet der Vater an, dass alle Söhne sterben sollen, wenn das dreizehnte Kind ein Mädchen wird. So sehr konzentriert der Vater

seine Liebe auf das zu erwartende Mädchen, dass die Söhne daneben keinen Platz mehr haben können, aller Reichtum und das
ganze Erbe soll der Tochter zukommen. Die Mutter warnt die
Söhne und lässt sie sich im Wald verstecken. Als das Mädchen he-
ranwächst, erfährt es die Zusammenhänge und zieht aus, die Brüder zu suchen und heimzuführen. Und weil sie verzaubert wurden,
muss sie alles daransetzen, sie wieder aus dem Zauber zu befreien.
Das Erscheinen des dreizehnten Kindes wird hier zunächst zum
Unheil der zwölf Brüder, aber dann doch zur Rettung.

Im Talmud, dem großen jüdischen Auslegungswerk der Bibel,
wird folgender Satz überliefert: »Einst wird das Land Israel in dreizehn Teile geteilt werden; der dreizehnte wird dem König Messias
zufallen.« Im Hintergrund steht natürlich die Aufteilung des Volkes
Israel in zwölf Stämme, die sich nach den zwölf Söhnen Jakobs benennen. Diese Zwölfzahl wird aber überboten durch die Dreizehn,
die für den Messiaskönig steht. Er einigt und vollendet die Stämme,
die Dreizehn wird dadurch zu einer Überbietungs- und Vollendungszahl. Vielleicht ist es auch so zu deuten, dass Jesus, der zwölf
Apostel beruft, selbst zum Dreizehnten wird. Auf vielen Bildern
erscheint Jesus mit dem Zwölferkreis und bildet also eine Dreizeh-
nergruppe. Eine Grenze ist überschritten, vielleicht musste sie
überschritten werden, damit ein neuer Anfang gestiftet wird und
eine neue Ära beginnen kann.

So gesehen, fällt plötzlich ein ganz neues (vielleicht auch ein ur-
altes) Licht auf diese so verrufene Zahl. Ausgerechnet die Dreizehn
bringt die Erlösung, ermöglicht den Überschritt in die neue Ära
des Heils.

Die Vierzehn

Teilbare Zahlen weisen häufig auf die Zahlen hin, aus denen sie zusammengesetzt sind. Die Vierzehn ist zunächst einmal eine doppelte Sieben, sie partizipiert an der Bedeutungsfülle der Sieben.

Da der Mondmonat aus 28 Tagen besteht, kennzeichnet der vierzehnte Tag die Hälfte des Monats, er ist der Tag des vollen Mondes, weshalb in den Geschichten von Tausendundeiner Nacht die besonders schönen Menschen gekennzeichnet werden, dass sie erstrahlen »wie der Mond in der vierzehnten Nacht«. Im Orient ist ja die Sonne so heiß und strahlend, dass man von ihrer sengenden Hitze verbrannt wird; der Mond aber hat ein freundliches und mildes Licht, in das man schauen kann, ohne geblendet zu werden. Das Rundsein des vollen Mondes ist den Orientalen offenbar der Inbegriff des Schönen.

In der Frömmigkeit der katholischen Kirche spielen die »Vierzehn Nothelfer« eine spürbare Rolle, ihr Fest ist am 1. Juli. Die vierzehn Heiligen werden bei bestimmten Nöten und Krankheiten angerufen, ihre Namen sind: Georg, Blasius, Erasmus, Pantaleon, Vitus (oder Veit), Christophorus, Dionysius, Cyriakus, Achatius (oder Achaz), Eustachius, Ägidius, Margareta, Katharina und Barbara.

Schon das alte Babylon kannte vierzehn hilfreiche Götter, die Nergal halfen, in die Unterwelt zu gelangen, um die sieben Tore durchschreiten zu können. Nergal war bei den Sumerern ursprünglich der Gott der Sonnenglut, ein Kämpfer gegen das feindliche Fremdland. Er besiegte Ereschkigal und gewann so die Herrschaft über die Unterwelt, vereinigte somit den Tagbereich mit der Nachtwelt, die Lebenswelt mit der Totenwelt.

Da man das Menschenleben gerne in Siebenereinheiten untergliederte, ist die Vierzehn die zweite Zäsur, die den Übergang von der Kindheit zur Jugend markiert. Allmählich müssen sich junge Menschen darüber klar werden, welchen Beruf sie ergreifen wollen, die Ablösung vom Elternhaus wird akut.

Auf eine witzige Art hat Christian Fürchtegott Gellert diese magische Zahl des Erwachsenwerdens in seinem Gedicht »Das junge Mädchen« eingefangen, in dem es heißt:

Mein Kind kann wirklich noch nicht freyn,
sie ist zu jung; sie ist erst vierzehn Jahre ...
Was sagten Sie, Papa? Sie haben sich versprochen.
Ich sollt' erst vierzehn Jahre seyn?
Nein, vierzehn Jahr und sieben Wochen.

In der neutestamentlichen Passionsgeschichte bekommt die Vierzehn ein besonderes Gewicht, weil Jesus am vierzehnten Nisan (einem jüdischen Monatsnamen) am Kreuz gestorben ist. Augustinus hat in einem Brief über dieses Datum nachgedacht: »Der Heilige Geist, der im Sichtbaren das Unsichtbare, im Materiellen geistige Geheimnisse andeutet, wollte, dass jener Übergang von einem Leben zum anderen, den man Pascha nennt, am 14. Tag des Mondmonats gefeiert werde. Es sollte dies also nicht bloß geschehen im Hinblicke auf das oben erwähnte dritte Zeitalter, sondern auch wegen der Abwendung vom Äußeren und der Hinwendung zum Inneren, die durch den Mond sinnbildlich dargestellt wird. Bis zum 21. Tage aber sollte die Feier dauern, weil durch die Siebenzahl häufig die Gesamtheit bezeichnet wird und sie der Kirche als dem Muster jeder Gesamtheit in besonderer Weise zukommt.«

Nach Augustin gab es drei große Weltzeitalter: Der erste große Zeitraum war die Ära vor der Gesetzgebung; die zweite Ära war die Periode unter dem Gesetz; mit dem 14. Nisan, mit dem Tod und der Auferstehung Jesu, beginnt die Herrschaft der Gnade, »da

nunmehr das früher in prophetisches Dunkel gehüllte Geheimnis
geoffenbart ist«.

Die Fünfzehn

Auch die Fünfzehn ist – wie die Vierzehn – eine Mondzahl, die den Tag der vollen Rundung des Mondes bezeichnet. Wahrscheinlich bekam die Fünfzehn deshalb eine Bedeutung, weil sie die dreifache Fünf ist und die Fünf die heilige Zahl der Ischtar und der Venus. Auch die Summe der ersten fünf Zahlen ergibt 15 ($1 + 2 + 3 + 4 + 5 = 15$). Ninive, die heilige Stadt der Ischtar, hatte 15 Tore, weil die Fünfzehn die der Ischtar zugeordnete Zahl war. Es ist schwer auszumachen, ob die »Quindecimi« – die fünfzehn Beamten im alten Rom, die Einsicht nehmen durften in die Bücher der Sibyllen – ihre Zahl auch noch von dieser Herkunft beziehen.

Auf dem Lande hat sich mancherorts noch eine alte Maßeinheit gehalten: die »Mandel«, vor allem Eier hat man zu fünfzehnt verkauft, das eben war eine Mandel. Auch fünfzehn Garben beim Getreide konnten eine Mandel sein. Vermutlich kommt dieses Wort vom mittellateinischen »mandala«, was »eine Handvoll« bedeutet, also von manus – Hand – abgeleitet ist. Andere denken allerdings auch an den halben Mond. Auf jeden Fall hat man lange Zeit mit der Mandel gezählt. Noch Immermann kann schreiben: »Der Rock kostet seine Mandel Thaler. «

Die fünfzehn Geheimnisse des Rosenkranzes umfassen drei Fünfergruppen, man unterscheidet den freudenreichen, den schmerzhaften und den glorreichen Rosenkranz. Im freudenreichen Rosenkranz werden wichtige Stationen im Leben Mariens vergegenwärtigt, im schmerzhaften die Passion Jesu angerufen und im glorreichen die österlichen Geheimnisse in die Mitte gestellt.

Die fünfzehn Geheimnisse des Rosenkranzes machen darauf aufmerksam, dass – wie so häufig – die Zahlensymbolik der Ischtar und der Venus auf die Marienverehrung übertragen wurde.

Eine seltsame Redensart lautet: »Kurze Fünfzehn machen«, was bedeuten soll: kurzen Prozess machen, etwas schnell zum Abschluss bringen. Wahrscheinlich kommt dieser Ausdruck vom Trick-track-Spiel, bei dem jeder Spieler fünfzehn Steine hatte. Bei einem besonders glücklichen Wurf konnte man mit einem Schlag das Spiel beenden. Oft zog sich das Spiel auch lange hin, es kam aber auch vor, dass es in Windeseile abgeschlossen wurde.

Auch das magische Quadrat ist ja ein Spiel. Hier werden die ersten neun Zahlen in drei Kolonnen aufgeschrieben. Die Fünf steht in der Mitte, und siehe da: Alle Diagonalen, die man addiert, ergeben die Fünfzehn.

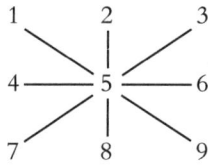

Die Sechszehn

Es ist naheliegend, dass die Sechzehn teilhat an der Bedeutung der Zwei, der Vier und der Acht. Wollten die Römer ein Breitenmaß abmessen, dann maßen sie – bei kleinen Distanzen – mit der Fingerbreite, vier Fingerbreiten wurden zur Handbreite (palma), und vier Handbreiten wurden als »Fuß« gemessen (pes), sodass also der Fuß ein Maß von sechzehn Fingern umspannte.

In Indien wurde der Sechzehn ein besonderes Gewicht beigemessen. Lange wurde die Münzeinheit Rupie in sechzehn Anna unterteilt. Eine vollkommene Frau sollte sechzehn Schönheitszeichen aufweisen und sechzehn Schmuckstücke tragen. Und in der indischen Musik umfasste »tintal« ein Taktmaß mit sechzehn Einheiten.

In Westeuropa waren es vor allem die Rosenkreuzer, die dem System der Sechzehn Gewicht beimaßen. Nach ihnen besteht die Natur aus sechzehn Elementen der Philosophie, wobei die alte Vierzahl der Elemente potenziert wurde.

Die Siebzehn

Dass der Gottheit in Urartu in der Gegend des Ararat siebzehn Stiere zum Opfer gebracht wurden, wird uns heute nicht mehr übermäßig bewegen. Ebenso wenig die siebzehn Feldzüge und Heldentaten kleinasiatischer oder ägyptischer Könige. Eher merken wir auf, wenn davon berichtet wird, dass die Sintflut am 17. Tag des zweiten Monats begann und am 17. Tag des fünften Monats endete.

Auch die Beobachtung, dass das griechische Alphabet siebzehn Konsonanten hat und ein Hexameter aus siebzehn Silben besteht, lohnt der Beachtung.

Augustin lenkte die Aufmerksamkeit auf die Siebzehn, weil sie die Summe der Zehn Gebote mit den sieben Gaben des Heiligen Geistes darstellt. Er sah darin eine Versöhnung von Gesetz und Gnade, von Gerechtigkeit und Barmherzigkeit.

Augustin muss eine Vorliebe für Zahlenspiele gehabt haben, wenn man den Zahlen dadurch eine mystische Bedeutung zuweisen konnte. Im Zusammenhang mit der Ostergeschichte vom See Genezareth, in der berichtet wird, die Jünger hätten auf Anweisung Jesu gefischt und 153 große Fische gefangen (Johannes 21,6), kommt Augustin auf die Siebzehn zu sprechen. »Der Mensch wird vollkommen und in Ruhe an Leib und Seele, durch das redliche Wort des Herrn geläutert, ein im Feuer bewährtes, siebenfach erprobtes Silber (Ps 12,7) sein und als Lohn den ›Zehner‹ (Mt 20,2.9.13) empfangen, sodass sich die Zahl siebzehn ergibt. Denn auch bei dieser Zahl findet sich ein bewundernswertes Geheimnis wie bei anderen Zahlen, die mehrfach zusammengesetzt sind. Nicht ohne Bedeutung liest man den siebzehnten Psalm ..., weil er auf jenes Reich hindeutet, in dem wir keinen Gegner mehr haben werden.«

Augustin kombiniert hier auf kühne Weise mehrere biblische Texte, um so zu seiner geheimnisvollen Siebzehn zu gelangen. Silber wird siebenfach geläutert, bis es rein von allen Schlacken und Zusätzen ist. So muss auch der Mensch siebenfach geläutert werden, sieben ist also hier eine Zahl der Reinigung und Erprobung. Die Zehn gewinnt er im Gleichnis von den Arbeitern im Weinberg: Der Hausherr gibt jedem seiner Arbeiter – unabhängig von der Länge ihrer Arbeit – einen Denar, was wörtlich bedeutet: Zehner, weil ein Denar aus zehn As bestand; der Denar war die römische Hauptsilbermünze. Die Kombination der Sieben der Läuterung und der Zehn des Lohnes ergibt die Siebzehn, sie vereinigt also – im Sinne Augustins – die Mühsale des Lebens mit der Köstlichkeit des Reiches Gottes, wenn es endlich anbricht. – Der Psalm 17 (in der Zählweise der Vulgata) behandelt Gottes rettende Macht. Es heißt darin:

Er streckte die Hand aus der Höhe, Er griff nach mir,
Er zog mich heraus aus den großen Wassern ... (Vers 17!)
Er führt mich hinaus ins Weite;
Er brachte mir Rettung, weil er mich liebt (Vers 20).
Mit Deiner Kraft stürme ich wider feindliche Scharen,
über Mauern spring ich in meinem Gott (Vers 30).
Du hast meinen Schritten breite Straße geschaffen,
und meine Füße haben niemals gewankt (Vers 37).

Diese Spekulation ist also für Augustin der Grund für seine Vorliebe für die Zahl Siebzehn.

Die Achtzehn

Da die Achtzehn aus verschiedenen Zahlen zusammengesetzt ist, kann sie als dreifache Sechs, als zweifache Neun und als kombinierte Zehn und Acht verstanden und gedeutet werden.

Im jüdischen Gottesdienst ist das Achtzehnbittengebet (Schmone Esre) das Hauptgebet. Der Begriff »Achtzehngebet« hat sich so eingebürgert, dass man ihn selbst dann beibehielt, als man eine neunzehnte Bitte anfügte. Die achtzehnte Anrufung des Achtzehngebets lautet:

Wir danken Dir, denn Du bist der Ewige,
unser Gott und der Gott unserer Väter,
immer und ewig, der Fels unseres Lebens,
der Schild unseres Heils
bist Du von Geschlecht zu Geschlecht.
Wir wollen Dir danken und Deinen Ruhm erzählen
für unser Leben, das in Deine Hand gegeben,
und unsere Seelen, die Dir anvertraut,
und Deine Wunder, die uns täglich zuteilwerden,
und Deine Wundertaten und Wohltaten zu jeder Zeit,
abends, morgens und mittags.
Allgütiger, Dein Erbarmen ist nie zu Ende,
Allbarmherziger, Deine Gnade hört nie auf,
von je hoffen wir auf Dich.
Für alles sei Dein Name gepriesen und gerühmt,
unser König, beständig und immer und ewig.
Alle Lebenden danken Dir, Sela,
und rühmen Deinen Namen in Wahrheit.
Gott unserer Hilfe und unseres Beistandes, Sela!
Gelobt seist Du, Ewiger, Allgütiger ist Dein Name,
und Dir ist schön zu danken!

Im Neuen Testament kommt die Zahl Achtzehn einmal im Lukas-evangelium vor: »Jesus war in einer ihrer Synagogen, während er am Sabbat lehrte; da kam eine Frau, die litt seit achtzehn Jahren an einem Dämon, der sie schwächte. Sie war davon so gekrümmt, dass sie sich nicht mehr ganz aufrichten konnte. Als Jesus sie sah, rief er sie herbei und sprach zu ihr: ›Frau, du bist von deiner Schwäche erlöst!‹ Er legte ihr die Hände auf, und auf der Stelle stand sie aufrecht und pries Gott« (13,10-13). Achtzehn Jahre lang musste die Frau unter ihrer Krankheit leiden, aber dieses achtzehnte Jahr hat ihr Erlösung und Heilung gebracht, sodass man die Achtzehn als Zahl der Befreiung verstehen kann.

Auch im Leben und Ritus der »Tanzenden Derwische« taucht die Achtzehn häufig auf. Wer in den Orden eintrat, musste zunächst achtzehn Tage lang als Hilfskraft für alles dienen, dann achtzehn Weisen des Küchendienstes einüben, bekam nach seiner Noviziatszeit einen achtzehnarmigen Leuchter und sollte anschließend achtzehn Tage lang sich in seiner Zelle der Meditation hingeben.

Die Neunzehn

Von der Neunzehn ist nicht viel zu berichten. Sie leidet – ähnlich der Elf – unter dem Mangel, eine unvollkommene Zahl zu sein, in diesem Fall eine unvollständige Zwanzig. Immerhin hat sie eine gewisse Bedeutung bekommen, weil man sie als die kombinierte Zwölf und Sieben ansah. Und weil die Sieben als Zahl der Planeten galt, die Zwölf als Zahl der Tierkreise, so musste wohl auch die Neunzehn eine kosmische Bedeutung haben. Vielleicht ergibt sich daraus, dass nach neunzehn Jahren alle Mondphasen wieder auf die jeweils gleichen Wochentage fallen.

In der Bahaireligion, die im vorigen Jahrhundert im Iran begründet wurde, besteht das Jahr aus neunzehn Monaten, die jeweils neunzehn Tage haben, vier Schalttage runden das Jahr ab.

Die Zwanzig

Hat man die Zehn an den zehn Fingern abgelesen oder besser abgezählt, so die Zwanzig an den Fingern und Zehen. Auf diese Weise konnte man die nachzuzählenden Zahlen erweitern und bekam eine größere Maßeinheit. Zwanzig heißt nämlich: zwei Zehnheiten. Manche Kulturen haben die Zwanzig zur entscheidenden Zahl gemacht, die Ainu im alten Japan und die Kelten in Europa. Bis heute haben sich im Französischen Spuren davon erhalten, wenn etwa die Achtzig »quatre-vingt« genannt wird, also viermal zwanzig. Bis heute kennzeichnen wir die Tonne als die Einheit, die zwanzig Zentner enthält.

Dass die Zwanzig einmal eine wichtige Zahl war, wird aber auch daran ablesbar, dass es andere Bezeichnungen für Maße und Einheiten gab, die mit der Zwanzig Zusammenhängen. Das »Ries« ist ein Ballen, ein Paket oder ein Bündel von zwanzig Einheiten. Das Wort kommt aus dem Arabischen und ist über die Mauren nach Spanien und von dort zu uns gekommen. Noch heute hat das Wort im Hinblick auf Papier seine Bedeutung behalten. Papier wird nach »Büchern« oder »Buchen« gezählt. Ein Buch Schreibpapier hat 21 Bogen, ein Buch Druckpapier 25 Bogen. 20 Buch machen ein Ries aus. Auch eine »Steige« oder »Stiege« bezeichnet eine Menge von zwanzig Stück. Im Englischen hat sich ein eigenes Wort für Zwanzig gehalten: Score, das sich auch in seiner Vervielfachung behaupten konnte (etwa three Scores).

Die Schneise schließlich war eine Bezeichnung für einen Zweig oder eine Rute, die dazu diente, bei der Jagd oder beim Fischen erlegte Tiere aneinanderzureihen oder Fleischstückchen zum Räuchern in den Schornstein zu hängen. Auch wurden gleichartige Dinge auf diese Weise zum Kauf angeboten. Es hat sich dann eingebürgert, dass es in der Regel zwanzig Dinge waren, die an einer

Schneise hingen, sodass der Begriff zu einem Synonym für die Zahl Zwanzig werden konnte.

In der Umgangssprache wurde die Zwanzig häufig zur Rundzahl. »Ein Mann, der umb Freiheit streitet, hat zwanzig Händ und noch so viel Hertz«, hat man im Mittelalter gesagt. Auch die Geldeinheit kam häufig vor:

> Ein Gülden war ihm nichts, ein thaler eben viel,
> es giengen zwantzig durch in einem Kartenspiel (Rachel).

Wenn aber die hohen Herren neben dem Zehnten auch noch den Zwanzigsten an Abgaben verlangten, gab es häufig Unruhen unter dem Volk, die Provinzen, der Klerus und der gemeine Mann begannen zu murren.

Zwanzig Jahre treue Arbeit bei einem Herrn sollte belohnt werden. Umso mehr ärgerte man sich, wenn man erfahren musste:

> Zu Hof gilt ein Quintchen Gunst mehr
> als zwanzigjährige große Arbeit.

Der zwanzigste Tag ist im Epos und im Märchen häufig ein Schicksalstag, der eine Wende heraufführt. Eine scheinbar friedliche Situation schlägt um in eine Krise, der Held wird herausgefordert und muss sich nun bewähren, sein Verhalten wird geprüft, ob er zum Sieg gelangt, oder ob er scheitert und unterliegt.

Von Odysseus wird berichtet, dass er zwanzig Jahre in der Fremde war, zehn Jahre lag er vor Troja, zehn Jahre irrte er auf seiner Rückkehr in der Welt umher. Die zwanzig Jahre sind auch sein Reifungsweg, dann aber gelangt er wieder in die Heimat.

Die Einundzwanzig

Weil diese Zahl die dritte im Siebener-Rhythmus ist, partizipiert sie wieder an der Hoheit der Sieben. Und wer das Menschenleben in Siebener-Einheiten fasst, wird den einundzwanzigsten Geburtstag hochhalten, weil nun eine neue Ära beginnt. Vermutlich hat man deshalb früher einen Menschen mit einundzwanzig Jahren für volljährig erklärt; nun hatte er die Jahre der jugendlichen Unruhe hinter sich, man konnte sich auf ihn verlassen, er bekam das Wahlrecht, wurde geschäftsfähig und zählte fortan zu den Erwachsenen.

Im alttestamentlichen Buch der Weisheit wurden dem Geist der Weisheit einundzwanzig Eigenschaften zugesprochen. In wem sie alle einwohnen, der kann wahrhaftig vollkommen genannt werden. »In der Weisheit ist ein Geist, gedankenvoll, heilig, einzigartig, mannigfaltig, zart, beweglich, durchdringend, unbefleckt, klar, unverletzlich, das Gute liebend, scharf, nicht zu hemmen, wohltätig, menschenfreundlich, fest, sicher, ohne Sorge, alles vermögend, alles überwachend und alle Geister durchdringend, die denkenden, reinen und zartesten. Denn die Weisheit ist beweglicher als alle Bewegung; in ihrer Reinheit durchdringt sie und erfüllt sie alles. Sie ist ein Hauch der Kraft Gottes und reiner Ausfluss der Herrlichkeit des Allherrschers; darum fällt kein Schatten auf sie. Sie ist der Widerschein des ewigen Lichts, der ungetrübte Spiegel von Gottes Kraft, das Bild seiner Vollkommenheit« (7,22-26).

Schon die Sieben war ja die Zahl des Geistes und seiner Gaben, dreimal die Sieben vervollkommnet diese göttliche Geisteskraft.

Die Zweiundzwanzig

Das hebräische Alphabet hat zweiundzwanzig Buchstaben, und weil jeder Buchstabe auch einen Zahlenwert hat, kann man durch Buchstaben auch Zahlen und Zahlenverhältnisse ausdrücken. Mit den zweiundzwanzig Zeichen lässt sich alles darstellen, die ganze Welt nimmt Gestalt an, wird ins Wort gehoben und verstehbar. Aus dem Material der zweiundzwanzig Buchstaben kann man gleichsam die ganze Schöpfung nachformen. Allerdings haben Worte ihre Mehrdeutigkeit und können missverstanden werden. Die Buchstaben sind die Urmöglichkeiten, ob aber die jeweilige Kombination wirklich das Wesen ausdrückt, steht dahin.

Der zweiundzwanzigste Buchstabe des hebräischen Alphabets ist das »Taw«, was »Zeichen« bedeutet. Im 9. Kapitel des Propheten Ezechiel gibt es eine bewegende Szene, in der das Taw-Zeichen eine entscheidende Rolle spielt. Als die Stadt Jerusalem zerstört wird, da ruft Gott einen Mann, der ein leinenes Gewand anhatte und an dessen Gürtel ein Schreibzeug hing, auf, die Menschen zu kennzeichnen, die mit der Zerstörung nicht einverstanden sind. »Der Herr sagte zu ihm: Geh mitten durch die Stadt Jerusalem und schreib ein T auf die Stirn aller Männer, die über die in der Stadt begangenen Greueltaten seufzen und stöhnen« (9,4). Diese Menschen mit dem Taw-Zeichen werden gerettet, die anderen gehen unter.

In der Johannesoffenbarung wird dieses Motiv wieder aufgegriffen. »Ein Engel trug das Siegel des lebendigen Gottes und rief mit lauter Stimme den vier Engeln zu, denen Macht gegeben war, Land und Meer zu versehren: ›Versehret nicht Land und Meer noch Bäume, bis wir die Diener unseres Gottes mit dem Siegel bezeichnet haben auf ihrer Stirn‹« (7,2f.; auch 9,4). So wird dieses Zeichen, das letzte Buchstabenzeichen des Alphabets, zum Rettungszeichen für die glaubenden und ausschauenden Menschen. Und die Zweiundzwanzig weist auf das Ende hin, auf den Übergang zum Vollkommenen. Die mittelalterlichen Theologen haben gerne darauf hingewiesen, dass das T-Zeichen an das Kreuz erinnert, mit dem der Christ in der Taufe bezeichnet wird. Und jüdische Theologen machen darauf aufmerksam, dass die Zweiundzwanzig auch die Zahl der Trennung ist. Zweiundzwanzig Jahre war Jakob von seinem Vater Isaak getrennt, ebenso wie Joseph zweiundzwanzig Jahre von seinem Vater Jakob getrennt war. Dann aber kam die Stunde des Wiedersehens.

In eine andere Deutungslinie werden wir geführt, wenn wir die zweiundzwanzig Trumpfkarten des Tarotspiels betrachten. Dieses uralte Kartenspiel besteht aus 78 Karten, von denen aber nur die zweiundzwanzig Trumpfkarten sind. Es wird erzählt, dass ägyptische Priester zusammenkamen und sich überlegten, auf welche Weise die »hermetische Weisheit« des Hermes Trismegistos, hinter dem sich der ägyptische Gott Thot verbirgt, weitergegeben werden könne, sodass sie nie verlorenginge. Sie entschieden sich und wählten ein Kartenspiel, weil so am unauffälligsten das Wissen und Vorherwissen der Götter den künftigen Generationen angeboten würde.

Diese zweiundzwanzig Karten stellten die Grade und Stufen eines esoterischen Initiationsweges dar; der stufenweise Aufstieg zum göttlichen Geheimnis und zur menschlichen Reifung wird durch Symbole veranschaulicht. In einem Werk christlicher Esoterik werden sie so charakterisiert:

1. Der Gaukler – das Arcanum der Mystik,
2. Die Päpstin – das Arcanum der Gnosis,
3. Die Kaiserin – das Arcanum der Magie,
4. Der Kaiser – das Arcanum der Freiheit,
5. Der Papst – das Arcanum der Transzendenz,

6. Der Verliebte – das Arcanum der Keuschheit,
7. Der Wagen – das Arcanum der Genesung,
8. Die Gerechtigkeit – das Arcanum des Gleichgewichts,
9. Der Eremit – das Arcanum des Herzens,
10. Das Schicksalsrad – das Arcanum der gefallenen Natur,
11. Die Kraft – das Arcanum der Jungfrau,
12. Der Aufgehängte – das Arcanum des Glaubens,
13. Der Tod – das Arcanum des Lebens,
14. Die Mäßigkeit – das Arcanum der Inspiration,
15. Der Teufel – das Arcanum der Gegen-Inspiration,
16. Das Gotteshaus – das Arcanum des Bauens,
17. Der Stern – das Arcanum des Wachstums,
18. Der Mond – das Arcanum des Intellekts,
19. Die Sonne – das Arcanum der Intuition,
20. Das Gericht – das Arcanum der Auferstehung,
21. Der Narr – das Arcanum der Weisheit,
22. Die Welt – das Arcanum der Freude.

Die zweiundzwanzigste Karte des Tarot zeigt eine nackte Tänzerin in einer Girlande oder einer Mandorla. In den vier Ecken sind die vier Ezechiel-Wesen, die wir als die Evangelistensymbole kennen, zu sehen. Es geht um das Schicksal der Welt, sie soll zur Vollendung kommen, sie kann sich aber auch gegen die Vollwerdung sperren. Uns wird also die Welt in ihrem Doppelantlitz vorgestellt: Frau Welt kann eine im Heiligen Geist tanzende Gestalt sein, die erleuchtet ist und zur Freude durchgestoßen ist. Sie kann aber auch eine Törichte sein, die sich nur von Luftspiegelungen narren lässt und nicht die Freude der Weisheit erlangt hat, sondern nur die Freude des Rausches, aus der man desillusioniert erwacht.

So stellt das Tarotspiel mit seiner letzten Karte die Alternative vor den Menschen, welchen Weg er gehen will und worin er den Sinn seiner Existenz erkennen kann.

Noch einmal müssen wir auf die zweiundzwanzig Buchstaben des hebräischen Alphabets zurückkommen. Nach einer geheimen Überlieferung gibt es nämlich noch einen dreiundzwanzigsten Buchstaben, der aber nicht bekannt ist, sondern erst mit der Ankunft des Messias offenbar werden soll. Warum aber ist er noch nicht bekannt? Weil die Welt noch nicht zu Ende gebracht ist. Der noch ausstehende Buchstabe wird dazu beitragen, das letzte und entscheidende Kapitel der Welt- und Heilsgeschichte zu schreiben.

Die Vierundzwanzig

In der Astralmythologie spielt die Vierundzwanzig seit Jahrtausenden eine Rolle. Schon Babylon kannte und verehrte vierundzwanzig Gestirne als Götter, die nördlich und südlich des Tierkreises standen. Die iranische Religion verehrte – neben dem höchsten Gott Ahura Mazda – einen göttlichen Hofstaat von vierundzwanzig Götterwesen.

Offenbar eignet sich die Vierundzwanzig ganz besonders dazu, »das Ganze« symbolisch auszudrücken. Dabei spielt eine Rolle, dass man die Zahl als doppelte Zwölf, als vierfache Sechs und dreifache Acht verstehen kann. Für uns Heutige ist die Vierundzwanzig ja besonders die Zahl der Stunden eines Tages und einer Nacht, obwohl man in der Antike noch anders gerechnet hat; damals hat man Doppelstunden gezählt, sodass Tag und Nacht zusammen nur zwölf Stunden umfassten. Das griechische Alphabet hatte 24 Buchstaben, sodass sich in der Buchstaben- und Zahlenspekulation der Griechen eine ähnliche Entwicklung abzeichnete wie bei den Juden über die Zweiundzwanzig ihres Alphabets. Bei Pythagoras vermischen sich Zahlenmystik und kosmische Weltbetrachtung: Vierundzwanzig Glieder hat der Himmel.

In der Johannesoffenbarung findet sich eine Szene vom himmlischen Thronsaal. Dort heißt es: »Und rings um den Thron sah ich vierundzwanzig Throne und auf den Thronen vierundzwanzig Älteste sitzen, angetan mit weißen Gewändern, und auf ihren Häuptern goldene Kronen ... Die vierundzwanzig Ältesten fallen vor dem, der auf dem Throne sitzt, nieder und beten den an, der in alle Ewigkeiten lebt, und legen ihre Kronen vor dem Thron nieder« (4,4.10).

Es ist nicht einfach auszumachen, wer mit den Vierundzwanzig gemeint sein soll, sind es Fromme des Alten Bundes, sind es christliche Heilige, sind es Engelwesen? Immerhin kannte das Alte Testament vierundzwanzig Klassen von Priestern und Leviten (1. Chronik 24,5 ff. ; 25,1 ff.). Vielleicht sollte gar nicht eine eindeutige Antwort gegeben werden, die Stelle ist vieldeutig. Auf jeden Fall dürfen wir daran erinnern, dass die Zwölf eine wichtige Deutefunktion für Israel hat (die zwölf Stämme, die sich nach den zwölf Söhnen Jakobs benennen) und dass sie ebenfalls in der Kirche ein Grundsymbol ist (wegen der Zwölfzahl der Apostel). Es mag also sein, dass sich in der Vierundzwanzig das alte und das neue Gottesvolk in seinen Repräsentanten vor dem Thron Gottes versammelt. Die beiden Zwölfzahlen werden hier verdoppelt, sodass sich Synagoge und Kirche im Angesicht Gottes vereint vorfinden und an der himmlischen Liturgie beteiligt werden.

Im Alltagsleben hat die Vierundzwanzig noch Bedeutung bekommen, weil die »Elle« nach vierundzwanzig Fingerbreiten (oder sechs Handbreiten) gemessen wird.

Viel mehr im allgemeinen Bewusstsein des Gegenwartsmenschen ist allerdings, dass der vierundzwanzigste Dezember der Vorabend von Weihnachten ist und dass an diesem Abend die »heilige Nacht« der Geburt Jesu Christi festlich begangen wird. Auch wenn wir das historische Geburtsdatum Jesu nicht kennen (die Christen der Spätantike übernahmen den Festtag des »Sol invictus«, des unbesiegten Sonnengottes, weil sie Jesus Christus als die wahre »Sonne der Gerechtigkeit« ansahen), der vierundzwanzigste und fünfundzwanzigste Dezember gehören zu den unvergesslichen weihnachtlichen Festdaten, die sich – wie kaum ein anderes Datum – eingeprägt haben.

Die Fünfundzwanzig

Seltsamerweise hat die Fünfundzwanzig bei uns vor allem ihre Bedeutung bei Jubiläen. Keine Firma wird ein fünfundzwanzigjähriges Bestehen übersehen, es muss gefeiert werden. Und ein Ehepaar wird nicht minder die Silberhochzeit festlich begehen. Ein Vierteljahrhundert ist vergangen, Grund genug, zurückzuschauen und dankbar zu sein.

Auch im Geldwesen hat sich die Fünfundzwanzig einen Platz gesichert. Der »Sesterz« war die kleinste römische Silbermünze, ein Vierteldenar im Wert von 2 ½ As. Der »quarter« ist ein Vierteldollar, hat also einen Wert von 25 Cent, die »Quartjes« waren vor der Euroeinführung Viertelgulden im holländischen Geldwesen und waren auch 25 Cent wert, der frühere spanische »Real« hatte fünfundzwanzig Centimos.

So hat also im Dezimalsystem, das die Hundert so hoch einschätzt, auch die Fünfundzwanzig noch einen silbernen Schimmer, weil sich die Vierteilung nahelegt.

Die Siebenundzwanzig und die Achtundzwanzig

Seltsamerweise haben es beide Zahlen mit dem Mond und seinen Phasen zu tun. Der alte Mondkalender kennt ja nur drei Phasen; der Neumond wird nicht dazugerechnet, so zählt man nur drei Mal neun Nächte. Ob die Siebenundzwanzig deshalb so wichtig wurde, dass auch der Märchenheld drei mal neun mal einen mächtigen Baum hinaufsteigen musste, um drei jenseitige Welten kennenzulernen und als Eingeweihter und Gewandelter wieder zur Erde zurückzukommen? Wir können es, wie so oft, nicht mit Bestimmtheit sagen. Auch der russische Märchenheld durchreitet drei mal neun Länder, um endlich ans Ziel zu kommen. Vielleicht wirkt hier tatsächlich eine kosmische Symbolik in die Märchenwelt hinein. Die Siebenundzwanzig wäre dann eine Durchgangszahl für den Helden, um heranzureifen und fähig zu werden für die große und schwere Aufgabe, die vor ihm steht.

Die Achtundzwanzig ist nun die »echte« Mondzahl, weil sich nach achtundzwanzig Tagen der Mond einmal gewandelt und alle Phasen durchlaufen hat. Und weil in dieser Zahl viermal die Sieben steckt, deshalb kann sie wieder als eine bedeutsame Zahl angesehen werden, auch die Zwei und die Vierzehn sind ja in ihr enthalten.

Im Islam kommt noch dazu, dass das arabische Alphabet aus achtundzwanzig Buchstaben besteht und der Koran, das heilige Buch des Islam, aus diesen Buchstaben zusammengefügt ist und sie damit zum Mittler göttlicher Weisung wurden. Ergänzt wurde diese Vorstellung noch dadurch, dass man achtundzwanzig Propheten zählte, die Mohammed, dem letzten und wichtigsten Künder des Willens Allahs, vorausgingen.

Die Dreißig

Offensichtlich eignet sich die Zahl Dreißig besonders für Ordnung und Verwaltung. Dreißig Jahre alt musste im alten Rom ein Mann sein, damit er Volkstribun werden konnte. Häufig sind Gremien und Verwaltungsinstitutionen mit dreißig Mitgliedern besetzt. Und die durchschnittliche Dauer eines Monats ist die von dreißig Tagen.

Nach dem Tod eines Menschen war der Verstorbene – nach der Annahme vieler Traditionen – noch dreißig Tage in der Nähe seiner alten Lebensräume. Deshalb durfte – nach altdeutschem Recht – ein Erbe erst nach dreißig Tagen angetreten werden. Es mag sein, dass mit dieser Vorstellung auch zusammenhängt, am dreißigsten Tag nach dem Sterben ein Requiem, eine Totenmesse, zu feiern.

Sowohl Mose wie Jesus sind mit dreißig Jahren zum ersten Mal in der Öffentlichkeit aufgetreten, haben sich also lange vorbereitet und im Verborgenen gelebt. Der dreißigjährige Mann ist also wohl der, der nun sein Werk anpacken soll und Verantwortung übernehmen kann.

Wenn Jesus für dreißig Silberlinge von Judas verraten wurde, dann hat die Dreißig auch eine Beeinträchtigung erfahren. Es führte aber auch dazu, dass man keinen Menschen mehr mit gutem Gewissen höher einschätzen konnte als für neunundzwanzig Silberstücke, hätte man ihn doch sonst für wertvoller eingestuft als den Erlöser Jesus von Nazareth.

In der katholischen Volksfrömmigkeit hat sich die Bedeutung der Dreißig noch in verschiedenen Zusammenhängen gehalten. Viele Gebetsübungen werden dreißig Tage lang geübt (zum Beispiel die marianischen Maiandachten und die Rosenkranzandachten im Oktober), der »Frauendreißiger« wird in der Zeit vom 15. August bis zum 15. September gebetet. 1516 entstand auch ein

Dreißiger-Rosenkranz (bestehend allerdings aus 33 Vaterunsern). Die großen ignatianischen Exerzitien werden auch dreißig Tage lang durchgeführt. Die dahinterliegende Symbolik kombiniert bei der Dreißig vor allem die Drei der Dreifaltigkeit und die Zehn der Vollkommenheit.

Die Zweiunddreißig

Viele Kartenspiele bestehen aus zweiunddreißig Karten, beim Schachspiel stehen zweiunddreißig Figuren auf dem Spielfeld. Wenn man bedenkt, dass solche Spiele nicht einfach Zeitvertreib sind, sondern immer auch ihre geheimnisvolle Bedeutung hatten und haben, weil man im Grunde um Sinn und Unsinn der Welt spielt, um Sein oder Nichtsein, dann wird man auch die Zahlenkombination nicht auf den Zufall schieben.

Die Zweiunddreißig steht in der Steigerungsreihe 2 – 4 – 8 – 16 – 32 und partizipiert deshalb an den genannten Zahlen mit ihren Bedeutungsgehalten.

In der jüdischen Mystik bekam die Zweiunddreißig noch einen zusätzlichen Inhalt. Man kombinierte im Buch Jezira (dem »Buch der Schöpfung«, etwa im dritten bis sechsten Jahrhundert entstanden) die zweiundzwanzig Buchstaben des Alphabets mit den zehn Sephirot des »Sephirotbaumes«. Wurden die Buchstaben schon als die Grundkräfte verstanden, mit denen Himmel und Erde geschaffen worden sind, so sind die zehn Sephirot die Weisen des Sichtbar- und Wirksamwerdens des unsichtbaren Gottes. Nun hat man zweiunddreißig Wege der Weisheit gefunden. Welt und Mensch sind aufeinander abgestimmt, der Makrokosmos entspricht dem Mikrokosmos, jeder Buchstabe (mit seinem Zahlenwert) bestimmt einerseits einen Bezirk der äußeren Welt, andererseits ein Glied des Menschen. Wer mit den zweiunddreißig Wegen recht umgehen kann, der ist auch zu magischer Wirksamkeit in der Lage, so wie es von Abraham berichtet wird, von dem das Jezira-Buch sagt: »Als unser Vater Abraham kam, da schaute, betrachtete er und sah, forschte und verstand und umriss und grub ein und kombinierte und bildete, und es gelang ihm.«

Die Dreiunddreißig

Der König David hat dreiunddreißig Jahre lang regiert. Jesus – aus dem Stamme David – hat, der Überlieferung nach, dreiunddreißig Jahre gelebt. Vor allem die jesuanische Dreiunddreißig führte dazu, diese Zahl heilig zu halten und sie zu den Vollendungszahlen zu zählen.

Wenn Dante seine Göttliche Komödie in drei Bücher mit jeweils dreiunddreißig Gesängen untergliederte, dann wollte er mit diesem Einteilungsschema einen Einweihungsweg kennzeichnen. Dreimal geht er einen dreiunddreißigstufigen Weg, bis er zum letzten (und unaussprechlichen) Geheimnis vorstößt:

> O ewiges Licht, das sich nur selbst bewohnet,
>> Nur selbst begreift und von sich selbst begriffen
>> Und sich begreifend sich auch liebt und lächelt!
> Des Kreises Umfang, der in dir beschlossen
>> vor mir erschien, wie rückgestrahlte Helle,
>> Und den mein Aug ein wenig überschaute,
> Der ist mir in sich selbst mit eigner Farbe
>> Mit unsrem Angesicht bemalt erschienen,
>> Weshalb ich ganz den Blick in ihn versenkte.

Das sind Verse aus dem dreiunddreißigsten Gesang des dritten Buches.

Die Sechsunddreißig

Da in der Astronomie und Astrologie jeder Tierkreis drei Aspekte hat, die Dekane (sie beherrschen jeweils 10° von den 360° des gesamten Himmelskreises), werden also sechsunddreißig Dekane gezählt. Hier wirkt natürlich die Bedeutung der Zwölf, der Drei und der Sechs hinein, nicht minder die Vier und die Neun.

In der jüdischen Frömmigkeit haben die sechsunddreißig Gerechten eine große Bedeutung bekommen. Nach dieser Tradition beruht die Welt auf diesen »Zaddikim«, sechsunddreißig Männern, die sich in nichts von den anderen Menschen unterscheiden und unscheinbar leben, aber durch ihre beständige Gemeinschaft mit Gott die Schöpfung mit ihrem Schöpfer verbinden. In einer jüdischen Schrift heißt es:

»Es gibt eine Säule in der Welt, und welche ist es? Der Gerechte. Denn der Gerechte wird Einer genannt, der Einheit wegen, mit der er sich mit allen Stufen von der Erde bis zum Himmel vereint, das heißt vom Ende aller Stufen, die die irdische Stofflichkeit sind und dem letzten Buchstaben Taw entsprechen, bis zum Himmel, der die oberste Stufe ist und dem Aleph (dem ersten Buchstaben des hebräischen Alphabets) entspricht ... Und weil jeder Gerechte sich mit allen anderen als ein Ganzes denken soll, spricht der Talmud von einem Gerechten. Denn obwohl es viele sind, gelten sie doch als einer von Seiten der Einheit, die sie bilden. Darum heißt es, dass um eines Gerechten willen die Welt besteht«
(Nachum aus Tschernobyl).

Vor allem in der chassidischen Bewegung hat die Vorstellung von den sechsunddreißig verborgenen Gerechten, die das Fundament der Welt bilden und durch ihre Meditation und ihr Gebet die Welt mit ihrem Ursprung in Verbindung halten, die Gemüter bewegt. In manchen Geschichten ist davon die Rede, dass einer glaubt, einem von diesen Sechsunddreißig begegnet zu sein.

Die Neununddreißig

Vierzig ist eine wichtige Zahl, die bei vielen Vorschriften Bedeutung bekommt. Vierzig wichtige Arbeiten waren bei den Juden am Sabbat verboten. Weil aber die Vierzig eine obere Grenze darstellte, sprach man nur von neununddreißig. Das ließ aber den Thoragelehrten keine Ruhe, bis sie jedes Einzelverbot noch neununddreißigmal untergliedert hatten, so dass es schließlich neununddreißig Mal neununddreißig Verbote gab.

Bei der Strafe war es ähnlich. Die Höchststrafe der körperlichen Züchtigung waren vierzig Stockschläge. Damit sich der Züchtiger aber nicht vertut und eventuell einundvierzig Hiebe austeilt, begnügt er sich lieber mit neununddreißig. Paulus erzählt in einem Brief von seinen Mühsalen und Peinigungen und berichtet dabei: »Fünfmal erhielt ich von Juden die neununddreißig Hiebe; dreimal wurde ich ausgepeitscht, einmal gesteinigt« (2. Korinther 11,24). Wörtlich allerdings schreibt er: »Fünfmal erhielt ich vierzig Hiebe weniger einen.«

Die Vierzig

Das Warten auf ein wichtiges Ereignis und die Vorbereitung darauf werden mit der Zahl Vierzig verbunden. Vielleicht hängt das mit dem vierzigtägigen Verschwinden der Plejaden zusammen, das die Babylonier sorgsam beobachteten. Tauchten sie endlich wieder auf, war es Zeit, das Neujahrsfest zu feiern.

Es ist erstaunlich, wie häufig die Vierzig in der Bibel im Zusammenhang mit Vorbereitung, Buße, Einübung usw. vorkommt. Vierzig Jahre lang wanderte das Volk Israel in der Wüste umher, bis es endlich das Land, das ihm verheißen war, besiedeln konnte. Vierzig Tage hielt sich Mose auf dem Berg Sinai auf, bis ihm die Gesetzestafeln übergeben wurden. Auch Elias wandert vierzig Tage zum Berge Horeb, um dort den neuen Auftrag und die prophetische Mission übertragen zu bekommen. Vierzig Tage lang dauerte die Sintflut, die das meiste Leben auf der Erde vernichtete, um Raum zu schaffen für eine gewandelte Welt. Vierzig Jahre lang regierte Salomo.

Auch Jesus geht vierzig Tage in die Wüste, um sich für seine messianische Aufgabe zu bereiten. Vierzig Stunden währt die Grabesruhe Christi. Vierzig Tage bleibt er nach seiner Auferstehung bei den Jüngern, dann kommt der Tag der Aufnahme in den Himmel, so berichtet es Lukas.

Diese Bevorzugung der Zahl Vierzig führte in der jungen Kirche zur Einführung der »Quadragese«, der vierzigtägigen Fastenzeit. Augustin hat sie so begründet: »Das vierzigtägige Fasten hat seine Begründung in den Büchern des Alten Bundes durch das Fasten des Mose und des Elias und aus dem Evangelium; hat doch der Herr ebenso viele Tage gefastet und so gezeigt, dass das Evangelium nicht im Widerspruch zum Gesetz und zu den Propheten steht. In der Person des Mose erkennt man das Gesetz, in der Person des Elias die Propheten. Zwischen beiden hat sich der Herr auf dem Berge in seiner Herrlichkeit gezeigt, damit umso deutlicher hervortrete, was der Apostel von ihm sagt: ›Er hat das Zeugnis des Gesetzes und der Propheten.‹ In welchen Teil des Jahres könnte man aber passender die Beobachtung des vierzigtägigen Fastens verlegen als ganz nahe in die Zeit des Leidens unseres Herrn, sodass sie ihm unmittelbar vorausgeht? ... Dass aber die Zahl ›Vierzig‹ dieses Leben bedeute, glaube ich deshalb, weil in ihr die Zahl ›Zehn‹ enthalten ist, die ebenso wie die auf Eins zurückkehrende Zahl Acht die Vollkommenheit unserer Seligkeit ausdrückt. Denn die Schöpfung, die durch die Siebenzahl bezeichnet wird, ist mit dem Schöpfer verbunden, und in ihm ist die Einheit der Dreifaltigkeit ausgesprochen, die auf der ganzen Welt in dieser Zeit verkündet werden muss. Die Welt aber wird von vier Winden durchstrichen, besteht aus vier Elementen und ändert sich nach den sogenannten vier Jahreszeiten. Viermal zehn aber gibt Vierzig.«

Im sechzehnten Jahrhundert wurde in der katholischen Frömmigkeit das »vierzigstündige Gebet« eingeführt, das vor allem in Notzeiten oder zur Sühne abgehalten wird. Ein vierzigstündiges Fasten, Wachen und Beten in den letzten Kurtagen wird schon in dem spätantiken Bericht der Aetheria (einer Pilgerin ins Heilige Land) mitgeteilt.

Nicht nur in der jüdisch-christlichen Tradition spielt die Vierzig eine große Rolle, auch der Islam hat eine differenzierte Überlieferung der Vierzig. So meditieren die muslimischen Sufi vierzig Tage lang in strenger Klausur, um in die Nähe Gottes zu kommen.

Seltsamerweise hat sich auch im profanen Bereich die Bedeutung der Vierzig gehalten: Bei Ansteckungsgefahr oder Seuchendrohung gibt es eine »Quarantäne«, eine vierzigtägige Isolation, die allerdings nicht unbedingt, wie der Name eigentlich besagt, vierzig Tage dauern muss.

An seinem vierzigsten Geburtstag muss man offensichtlich innehalten, kritische Rückschau halten und sich überlegen, wo man auf seinem Lebensweg steht. Nicht selten scheint eine krisenhafte Phase anzubrechen, weil die Hälfte der Lebenszeit abgelaufen ist.

Mit vierzig Jahren ist der Berg erstiegen,
wir stehen still und schau'n zurück,

rät deshalb Friedrich Rückert. Da man aber von den Schwaben sagt, sie würden erst mit vierzig Jahren gescheit, ist es kein Grund, sich der Resignation hinzugeben, sondern sich auf das einzustellen, was kommt. Der Volksmund weiß auch: »Wenn mit vierzig Jahren der Esel net raus kommt, dann kommt er nimmer raus.« Wer allerdings den Eindruck hat, er habe bisher seine Zeit vertan, für den wird es nötig sein, den Ernst des Lebens wahrzunehmen.

Ich war noch jung; o Zeit, entflohne Zeit!
Wohl vierzig Jahre hin, mir ist's wie heut (Droste).

Die Neunundvierzig und die Fünfzig

Die beiden Zahlen gehören insofern zusammen, als der neunundvierzigste Tag nach einem Fest häufig als der fünfzigste angesehen wird, weil man den ersten mitzählt. Pfingsten (von griechisch Pentekoste = fünfzig) war ein jüdisches Erntedankfest, das fünfzig Tage nach dem Fest der ungesäuerten Brote (Mazzot) als Fest der Weizenernte gefeiert wurde. Für die Christen wurde das Pfingstfest, das fünfzig Tage nach dem Osterfest begangen wird, zur Geburtsstunde der Kirche, weil die Jüngergemeinde Jesu in Jerusalem den versprochenen Heiligen Geist empfing.

Auch hier kann uns wieder Augustin mit seinem Brief an Januarius helfen, die zahlensymbolische Bedeutung dieser Zahl zu erfassen:

»Nicht ohne Grund ist der Herr nach seiner Auferstehung vierzig Tage auf dieser Erde und in diesem Leben mit seinen Jüngern gewandelt und hat zehn Tage nach seiner Himmelfahrt, als der Pfingsttag gekommen war, den verheißenen Heiligen Geist gesandt. Dieser fünfzigste Tag hat aber noch eine andere geheimnisvolle Bedeutung. Siebenmal sieben ist neunundvierzig, und wenn man zum Anfange zurückkehrt und einen achten Tag, der ja auch der erste ist, hinzuzählt, so wird die Zahl fünfzig voll. Diese fünfzig Tage nach der Auferstehung des Herrn werden nicht mehr als Sinnbild der Mühseligkeit, sondern als Sinnbild der Ruhe und Freude begangen. Deshalb unterbleibt das Fasten, deshalb beten wir stehend, was eine Erinnerung an die Auferstehung ist, wie es ja auch alle Sonntage am Altare geschieht. Auch singt man das Halleluja, das andeutet, dass unsere künftige Tätigkeit im Himmel nur im Lobe Gottes besteht, wie geschrieben steht: ›Selig, die wohnen in Deinem Hause; von Ewigkeit zu Ewigkeit werden sie Dich preisen.‹«

Das alte Israel kannte das »Jobeljahr«, das in jedem fünfzigsten Jahr begangen werden sollte (3. Mose 28,8–12; vgl. auch 25, 11; 25,5). In diesem Jahr sollten die Schulden erlassen werden, die Sklaven sollten ihre Freiheit wiedererhalten, und die Ungerechtigkeit in der Besitzverteilung sollte korrigiert werden. Was durch Notlage in fremde Hände gegeben werden musste, sollte wieder zum ursprünglichen Besitzer zurückgelangen. Außerdem sollte es ein Jahr der Ruhe von der Arbeit sein. Wir wissen zwar nicht genau, wie exakt die Vorschriften in Israel eingehalten worden sind, aber immerhin drückt sich in den Vorschriften des 3. Mose-Buchs die Sehnsucht aus, zu größerer Gerechtigkeit zu kommen, die Freiheit zu erhalten, von drückender Schuldenlast befreit zu werden und eine Phase der Ruhe zu erlangen.

Das Christentum hat das Pfingstfest in einem Zusammenhang mit der Sehnsucht des Jobeljahres gesehen. Mit dem Kommen des Pfingstgeistes wird angedeutet, dass die alte Welt der Ungerechtigkeit und Unfreiheit überwunden wird. Der Siebener-Rhythmus, der auch noch in der Neunundvierzig steckt, soll überschritten werden. An Pfingsten beginnt gleichsam der achte Tag, wie er auch schon am Ostertag durchgebrochen ist. Der fünfzigste Tag gehört nicht mehr zur »alten« Welt der ewigen Wiederkehr, der endlosen Wiederholung, der Mühsal und Unterdrückung, sondern hat schon Anteil an der kommenden Weltzeit des Reiches Gottes.

In der Antike war die fünfzig eine Zahl, die Reichtum und Fülle bedeutete. Nereus, der griechische Meeresgott, soll fünfzig Töchter, die Nereiden, gehabt haben, auch Danaos gilt als der Vater von den fünfzig Danaiden, während sein Bruder Aigyptos fünfzig Söhne hatte, so wie Priamos, der König von Troja.

Wer fünfzig Jahre alt geworden ist, der steht an der Schwelle zwischen dem Erwachsenendasein und dem einsetzenden Alter. In Rom war man deshalb ab diesem Zeitpunkt vom Kriegsdienst befreit.

Seltsamerweise gibt es auch noch eine etwas zwielichtige Verwendung der Fünfzig, wenn ein Mensch als »falscher Fünfziger« bezeichnet wird. Offenbar gab es nicht selten gefälschte Fünfzigpfennigstücke. Und wenn nun ein Mensch als »falscher Fünfziger« erscheint, dann ist er wohl unaufrichtig, unzuverlässig, er spiegelt etwas vor, was von der Realität nicht gedeckt ist, er möchte als wertvoll erscheinen, aber dann erweist sich, dass der Anschein getrogen hat.

Die Zweiundfünfzig

Obwohl unser Jahreslauf aus zweiundfünfzig Wochen besteht, was allerdings nie ganz aufgeht, weil ein Tag »übrig« bleibt, im Schaltjahr sogar zwei, hat die Zahl zweiundfünfzig keinen besonderen magischen oder mystischen Gehalt bekommen. Man hat höchstens versucht, die Zahl als Summe von zwölf und Vierzig zu erklären.

Bei den Azteken ragte die Zweiundfünfzig allerdings vor den meisten anderen Zahlen heraus, weil – durch den komplizierten Kalender bedingt, der das Zwanzigersystem mit dem der Dreizehn kombinierte – nur alle zweiundfünfzig Jahre der Jahresbeginn mit dem ursprünglich errechneten Termin übereinstimmte. Deshalb war dieses Jahr von einer besonderen Festlichkeit bestimmt. Es wurde sogar der Hausrat zerstört und überall das Feuer gelöscht, damit ein radikaler Neuanfang möglich wurde.

Die Sechzig

In Babylon war das Sexagesimalsystem die grundlegende Berechnungsform für alles, was mit Zahlen zu tun hat. So wurde die Sechzig die Dreh- und Angelzahl und die bestimmende große Einheit. Ein Kreis hat 360°, die Rundzahl des Jahres beträgt 360 Tage (Schalttage werden nicht gezählt). Dass diese Bevorzugung der Sechzig nicht nur eine historische Reminiszenz ist, bezeugt die Tatsache, dass auch wir noch die Stunde in sechzig Minuten unterteilen und die Minute in sechzig Sekunden. In dieser Hinsicht sind wir Babylonier geblieben.

Was macht den Vorzug dieser Zahl aus? Vielleicht wurde man früh darauf aufmerksam, dass 3 x 4 x 5 sechzig ergibt. Vor allem aber die vielfältige Teilungsfähigkeit machte sie zu einer geeigneten Zahleinheit: Sechzig lässt sich durch 2, 3, 4, 5, 6, 10, 12, 15, 20 und 30 teilen, das muss die frühen Mathematiker fasziniert haben.

Bis in unsere Tage hat sich eine Zählgröße gehalten: das Schock. Darunter versteht man eine Anzahl von sechzig, vor allem Eier hat man so gezählt. Ursprünglich bedeutet es: Haufen, denn man hat Getreide und Heu »geschockt«, in Haufen zusammengesetzt.

In früheren Zeiten, als die Lebenserwartung noch nicht so hoch war wie in der Gegenwart, hielt man einen sechzigjährigen Menschen für einen Greis, er hatte ein rundes Menschenleben hinter sich gebracht.

Es muss sogar Kulturen gegeben haben, in denen die Sechzigjährigen getötet wurden. In Japan wird jedenfalls ein Märchen erzählt, das von diesem Brauch ausgeht. Eines Tages gerät das Königreich in große Gefahr, und kein Mensch weiß, wie die Gefahr abgewendet werden könnte. Eine Familie aber hat ihren über sechzigjährigen Vater nicht umgebracht, sondern versteckt. Der wird nun befragt und weiß auch wirklich die rettende Lösung. Daraufhin beschließt man, die grausame Vorschrift abzuschaffen, die Alten dürfen weiterleben.

Wer im germanischen Recht einen Eid ablegte, brauchte dazu sechzig Schwurgenossen, die ihm als Eideshelfer beistanden, um das Eideswort zu bekräftigen.

Die Vierundsechzig

Das Schachspiel, das ja viele als das Spiel der Spiele ansehen, hat vierundsechzig Felder. Auf ihnen spiegelt sich das Schicksal der Welt und des Menschen wider, Sieg und Untergang, Gelingen und Misslingen, Erfolg und Misserfolg. Und auch das chinesische Weisheitsbuch I Ging hat vierundsechzig Hexagramme, um die Vielfalt menschlichen Schicksals auszudrücken. Das vierundsechzigste (und damit letzte) Zeichen lautet »We Dsi«, was bedeutet: Vor der Vollendung. Im Kommentar zur Deutung dieses Zeichens heißt es:

Vor der Vollendung. Gelingen.
Denn das Weiche erlangt die Mitte.

Hier wird angedeutet, dass es eine Situation gibt, die die Vollendung möglich macht, aber auch der letzte Übergang birgt noch Gefahren. Im Urteil wird das so umschrieben: »Wenn aber der kleine Fuchs, wenn er beinahe den Übergang vollendet hat, mit dem Schwanz ins Wasser kommt, dann ist nichts, das fördernd wäre.«

Erstaunlicherweise haben Forscher häufig auf das I-Ging-Schema zurückgegriffen. Leibniz sah eine Verbindung zwischen den Hexagrammen und seiner Dyadik. Und selbst zwischen den vierundsechzig Tripletts des biologischen Erbcodes der DNS (Desoxyribonukleinsäure) und dem I Ging werden innere Beziehungen vermutet.

Und weil die Vierundsechzig ja das Quadrat der Glückszahl Acht ausmacht, muss sie wohl auch die Glücksmöglichkeiten vervielfachen. Im Kamasutra jedenfalls werden vierundsechzig Variationen des Liebesspiels gelehrt.

Die Siebzig und die Zweiundsiebzig

Unsere Lebensdauer ist siebzig Jahre,
und wenn uns Kraft beschieden – achtzig Jahre;
und ist das Meiste doch Mühsal und Pein,
denn schnell ist es dahin, im Fluge vergeht es,

so heißt es im Psalm 90 (Vers 10). Von dieser Stelle her hat die Siebzig ihre Bedeutung als Kennzeichen eines Menschenlebens bekommen.

Ratsversammlungen, Gerichtshöfe und ähnliche Gremien waren häufig Körperschaften mit siebzig Mitgliedern. Mose wurde ein Rat von siebzig Ältesten beigegeben (4. Mose 11,16). Auch das Synedrium, vor das Jesus geführt wurde, um abgeurteilt zu werden, bestand aus siebzig Mitgliedern und dem Hohenpriester, der den Vorsitz führte.

Nach der Überlieferung wurde die Hebräische Bibel unter Ptolemaios Philadelphos II. in Alexandrien von siebzig oder zweiundsiebzig Männern ins Griechische übersetzt, weshalb diese griechische Fassung des Alten Testaments die Bezeichnung »Septuaginta« bekam.

Im Mittelalter hat man sich erzählt, dass beim Turmbau zu Babel zweiundsiebzig verschiedene Sprachen entstanden seien. Deshalb nahm man an, es gebe auch zweiundsiebzig Länder, die jeweils eine andere Sprache sprächen. Man bezog sich dabei wohl auf die »Völkertafel« in 1. Mose 10 und im ersten Buch der Chronik (Kapitel 1). Und weil Jesus siebzig Jünger berief, vermutete man, jeder habe in ein anderes Land zu einem anderen Volk ziehen sollen. »Der Herr bezeichnete noch siebzig, die er paarweise vor sich her sandte, in jede Stadt und Ortschaft, wohin er selber zu kommen dachte« (Lukas 10,1). Da ist noch nicht von allen Ländern der Erde die Rede, sondern von den Orten in Palästina.

Die Siebzig war ebenso wie die Zweiundsiebzig eine Summenzahl, eine Rundzahl, die wahrscheinlich mit der magischen Bedeutung der Sieben zusammenhängt. Ein Heerführer zog mit 72 000 Mann aus, eine Flotte hatte zweiundsiebzig Schiffe, auch wenn es ein paar mehr oder weniger waren.

Die Einundachtzig

In einem Brief überliefert Seneca folgende Szene: Plato soll genau an seinem 81. Geburtstag gestorben sein. Magier, die zu diesem Zeitpunkt zufällig in Athen waren, brachten dem Verstorbenen ein Opfer dar. Sie waren der Meinung, er habe weit über die menschliche Natur hinausgeragt, da er die vollkommenste Zahl erfüllte. Offensichtlich war ihnen die Neun so wichtig und heilig, dass ihnen die Potenz davon, eben die Einundachtzig, noch viel kostbarer erschien. Wer genau dieses Alter erfüllt und dann stirbt, muss der Vollkommenheit nahe gekommen sein.

Seltsamerweise gibt es in einem ganz anderen Kulturkreis, nämlich in China, eine vergleichbare Tradition. Dort erzählt man sich, dass Laotse, der große Meister des Tao-te-king, nach einer Schwangerschaft von 9 x 9 Jahren geboren worden sei, so ist es kein Wunder, dass er schon als Weiser zur Welt kam.

Laotse war das Kind der strahlenden Sonne und eines Bauernmädchens. Als er geboren wurde, hatte er schneeweiße Haare und schneeweiße Augenbrauen, seine Weisheit war schon so groß wie die eines alten Gelehrten. Sein Name bedeutet auch: das Greisenkind.

Wenn also schon die Neun die Potenz der Drei darstellt und damit die Aussagekraft der Drei vervielfacht, so wird in der Zahl Einundachtzig noch einmal eine Steigerung der Neun vorgenommen. Es ist eine Zahl der Fülle, des gesteigerten Reichtums an Weisheit und Einsicht.

Die Neunundneunzig und die Hundert

Wenn die Hundert eine so schöne runde Zahl ist, warum hat dann auch schon die Neunundneunzig ihre Bedeutung? Weil die Hundert die Zahl der Erfüllung ist, des Vollkommenen, wir aber immer noch im Bereich der Unvollkommenheit leben und auf der Suche sind nach der Vollendung.

In seinen Gleichnissen erzählt Jesus von einem Hirten, der seine neunundneunzig Schafe im Stich lässt, um das eine verlorene Tier zu finden. »Und wenn er es gefunden hat, wahrhaftig, ich sage euch, er freut sich über dieses eine mehr als über die neunundneunzig, die sich nicht verirrt haben« (Matthäus 18,13). Dadurch wird ja die Vollzahl der Hundert wiederhergestellt. Ganz ähnlich heißt es dann auch über den heimgekehrten Sünder: »Im Himmel wird mehr Freude sein über einen Sünder, der Buße tut, als über neunundneunzig Gerechte, die der Buße nicht bedürfen« (Lukas 15,7).

Der Islam kennt einen Rosenkranz mit neunundneunzig Perlen. Vor allem die Sufi führten die Gebetsschnur in ihre Frömmigkeitsformen ein, jede Perle sollte an einen Namen Allahs erinnern, das Durch-die-Hände-Gleiten der Perlen sollte die neunundneunzigfache Anrufung Allahs erleichtern. So kann er als »der Unbezwingliche« gerufen werden, ein Name ist »der Überströmende«, einer »der Großmütige« und ein anderer »der Liebenswürdige«. Weil aber jeder Name nur eine Annäherung ist, ein Versuch, dem Unnennbaren Ausdruck zu geben, deshalb heißt es: Der hundertste Name Allahs ist verborgen, keiner kann ihn aussprechen. Rumi, einer der großen persischen Dichter, sagt deshalb: »Sein Name flieht, sobald du ihn aussprechen willst.«

So steht also hinter den neunundneunzig Namen der geheimnisvolle hundertste, der immer nur geahnt wird, aber in der Sphäre des Geheimnisses bleibt.

Die frühe Kirche hat übrigens den Zahlenwert des Gebetswortes AMEN (griechisch geschrieben) mit neunundneunzig errechnet. A = 1, M = 40, H = 8, N = 50, das ergibt zusammen 99. Auch dieses Gebet kommt nur an die Schwelle der göttlichen Hundert.

Die Einhundertvierundvierzig

Weil die Zwölf ein solches Gewicht hat in der Zahlensymbolik, deshalb muss die Potenzierung davon, Dutzend mal Dutzend, natürlich auch von hoher Bedeutung sein. Im Handelswesen hat sich das »Gros« als Posten von einhundertvierundvierzig Stück gehalten (aus dem Französischen: »la grosse douzaine«, das dicke Dutzend).

In der Johannesoffenbarung wird als Gefolge des königlichen Gotteslammes eine Schar von Hundertvierundvierzigtausend genannt. »Sie tragen seinen Namen und den Namen seines Vaters auf ihrer Stirne geschrieben.« Das himmlische neue Lied »konnte niemand vernehmen als die Hundertundvierundvierzigtausend, die von der Erde losgekauft sind ... Sie sind es, die dem Lamme folgen, wohin es immer führt, in ihrem Mund sind keine Lüge und kein Makel« (14,1.3.5). Die Zahl steht für die vollendete Kirche, sie ist zusammengesetzt aus der zwölffachen Zwölf, die dann mit Tausend multipliziert wird. Die Zwölf deutet wieder auf die Stämme des Volkes Israel und die von den zwölf Aposteln begründeten Kirchen hin. Und wenn eine Tausend angehängt wird, dann soll das einfach die große Schar bedeuten, die nicht mehr zählbare Menge derer, die eingehen dürfen in die Vollendung. Wir haben es hier mit einer Vollendungszahl zu tun, die nicht nachgezählt, sondern staunend wahrgenommen werden will.

Die Einhundertdreiundfünfzig

Zu den Ostergeschichten des Johannesevangeliums gehört die Szene, wo der Auferstandene seinen Jüngern am See Tiberias erscheint, als sie gerade erfolglos fischten. Sie bekommen zugerufen: »Werfet das Netz rechts von dem Schiffe aus, so werdet ihr finden.« Tatsächlich ist im Nu das Netz voll; als sie es ans Land ziehen, können sie einhundertdreiundfünfzig große Fische zählen (21,1–14).

In seinem schon mehrfach herangezogenen Brief an Januarius gibt Augustin zu der Zahl Einhundertdreiundfünfzig folgende Deutung: »Wenn man die Zahl Siebzehn ins Dreieck erhebt, so ergibt sich hundertdreiundfünfzig. Auch wenn man von eins bis siebzehn zählt und alle dazwischen liegenden Zahlen dazu addiert, kommt einhundertdreiundfünfzig heraus. Zähle eins zu zwei, und du hast drei; zähle drei hinzu, so hast du sechs; zähle vier hinzu, so hast du zehn; zähle fünf hinzu, so hast du fünfzehn, zähle sechs hinzu, so hast du einundzwanzig. Zähle auch noch die übrigen Zahlen hinzu sowie auch die Zahl siebzehn selbst, und du hast einhundertdreiundfünfzig.«

So kommt also durch die Addierung der ersten siebzehn Zahlen auch eine Vollzahl zustande, in der sich die Versöhnung von Gerechtigkeit und Gnade, von Tätigkeit und Ruhe, von Göttlichem und Menschlichem andeutet.

Die Dreihundertsechzig

Es ist erstaunlich, dass sowohl die Sumerer als auch die Inder, die Ägypter, die Azteken und die Maya das Rundjahr mit dreihundertsechzig Tagen annahmen. Nur teilten die afrikanischen und asiatischen Hochkulturen diese Zahl in zwölf mal dreißig Tage auf (die Ägypter kannten auch noch die sechsunddreißig Zehnerwochen), während die altamerikanischen Kulturen achtzehn mal zwanzig rechneten. Da diese Einteilung mit dem wirklichen Jahr nicht ganz übereinstimmt, gab es in Sumer und in Indien einen Schaltmonat, in Ägypten, Persien und Mittelamerika führte man fünf »Übertage« ein (Epagomene), sie waren entweder ein Monat für sich oder standen außerhalb der übrigen Zeit. Diese übriggebliebenen Tage waren allgemein gefürchtet und von unheilvoller Vorbedeutung, sie waren eine Störung der harmonischen Jahresordnung. Die Azteken sprachen von den »unnützen Tagen«, die Maya von den »Tagen ohne Namen«.

In Ägypten erzählte man sich eine Geschichte, die mit diesen seltsamen und unheimlichen Tagen zusammenhängt. Nut habe sich heimlich mit Geb getroffen und habe von ihm fünf Kinder empfangen. Re bemerkte diesen Vorgang und sprach die Verwünschung aus, dass Nut weder in einem Monat noch in einem Jahr gebären könne, dass ihr also keine Zeit zum Gebären gewährt würde. Aber die fünf Schalttage gehören nicht zum Jahr und nicht zu den Monaten, deshalb kann Nut an diesen Tagen ihre Kinder gebären. Plutarch, der diese Geschichte berichtet und sie auf Rhea, Kronos und Helios überträgt, gibt dazu folgende Deutung: »Auch Hermes (Thot) soll als Liebhaber zu der Göttin (Nut – Rhea) gekommen sein. Als er dann mit Selene Brett spielte, gewann er ihr ein Siebzigstes jedes Tages ab, formte daraus fünf volle Tage und hängte sie als Schalttage an die dreihundertsechzig Tage des Jahres an.« So konnten also die fünf Nut-Kinder geboren werden: am ersten Tag Osiris, am zweiten Aruris, am dritten Set, am vierten Isis und am fünften Nephthys.

Es ist verständlich, dass die dreihundertsechzig Bogengrade des Kreises mit der Zahl des Jahres in Verbindung stehen.

Die Sechshundertsechsundsechzig

Diese Zahl hat wie kaum eine andere die Gemüter bewegt, seit annähernd zwei Jahrtausenden beschäftigt sie Theologen, Historiker, Symbolkundler und Numerologen. Sie steht in der Johannesapokalypse, wo von einem Tier die Rede ist, das vom Meer her aufsteigt, zehn Hörner und sieben Köpfe hat und dem große Macht gegeben wird. Es führt Krieg gegen die Heiligen und kann sie besiegen. Ein anderes Tier vom Lande her steht ihm bei, das zwei Hörner hat. Es bringt alle Menschen dazu, sich ein Malzeichen auf ihre rechte Hand und auf ihre Stirn machen zu lassen. Zum Schluss des 13. Kapitels heißt es nun: »Niemand kann noch etwas kaufen oder verkaufen, er trage denn das Mal, den Namen des Tieres oder das Zahlzeichen seines Namens. Hier gilt es Weisheit. Wer klugen Sinn hat, errechnet das Zahlzeichen des Tieres: Es ist nämlich die Zahl eines Menschen, und zwar ist es die Zahl sechshundertsechsundsechzig« (13,17f.).

Nach der in der Antike sehr beliebten Gematrie, der Zahlenlehre, die Zahlen als Buchstaben verstehen oder Buchstaben als Zahlen lesen konnte, müsste man aus dieser Zahl einen Namen lesen können, der das »apokalyptische Tier« gleichsam entschlüsselt. Nun lässt sich aber eine solche Zahl sehr unterschiedlich lesen, deshalb sind im Laufe der Auslegungsgeschichte ganz unterschiedliche Deutungsvorschläge gemacht worden. Irenäus hatte schon in der Mitte des zweiten Jahrhunderts Schwierigkeiten mit dieser Zahl und stieß auf eine Textvariante, in der die Zahl »Sechshundertsechzehn« hieß und als »Gajus Kaisar« (das heißt als »Caligula«) gedeutet wurde, weil er im Tempel von Jerusalem sein eigenes Standbild hatte aufstellen lassen. Da aber die besten Handschriften eindeutig die Zahl »Sechshundertsechsundsechzig« stehen haben, muss man auch davon ausgehen.

Schreibt man mit hebräischen Buchstaben und zählt den Zah-
lenwert der Buchstaben zusammen, so ergibt »Neron Qesar« einen
Sinn, denn Nero mit seiner Schreckensherrschaft war Juden wie
Christen verhasst.

Ethelbert Stauffer hat die Lösung vorgeschlagen, es könne Kaiser Domitian gemeint sein, der etwa zur Zeit der Abfassung der
Apokalypse das Römische Reich beherrschte. Allerdings kommt er
nur durch ein kompliziertes Verfahren von Abkürzungen zu seiner
Lösung. A KAI DOMET SEB GE hat den Zahlenwert Sechshundertsechsundsechzig, es ist die Abkürzung des Namens und Titels,
nämlich: AUTOKRATOR KAISAR DOMETIANOS SEBAS-
TOS GERMANIKOS. Ein interessanter Versuch, der aber dennoch fraglich bleibt.

Vielleicht sollte man gar nicht unbedingt einen historischen
Namen suchen, sondern die Zahl selbst als symbolische Aussage
begreifen. Die Zahl Sechs ist oft als Zahl des Menschen verstanden
worden, hier wird sie nun gleich dreimal hintereinander gebraucht,
es ist also eine konstante Betonung dieses Menschlichen, ohne dass
sie überstiegen wird: Sie setzt sich absolut und versperrt sich damit.
Das Menschliche wird dadurch vergöttlicht oder besser: vergötzt.
Wenn die Zwölf die Vollzahl ist, dann ist die Sechs das Verbleiben
im »Halben«. Eine potenzierte Sechs bekommt dann etwas Dämo-
nisches, sie wird zur hybriden Macht, zur Selbstverschließung des
Unerlösten und Sündhaften.

So scheint schon Irenäus diese Zahl verstanden zu haben, wenn
er schreibt: »Die Zahl Sechs dreimal wiederholt stellt die Rekapi-
tulation der gesamten Apostasie (= des Abfalls) im Anfang, in den
mittleren Zeiten und am Ende dar.«

Es mag sein, dass diese geheimnisträchtige Zahl nie eindeutig
geklärt wird, sie bleibt eine Aufforderung: »Hier gilt es Weisheit.
Wer klugen Sinn hat, errechnet das Zahlzeichen des Tieres.«

Die Achthundertachtundachtzig

Die Gematrie ist ein Spiel mit Buchstaben und mit Zahlen. Eine stringente Beweisführung wird man bei einem solchen spielerischen Verfahren nicht verlangen können, aber die Alten haben auch solche Zahlenspiele ernst genommen. So hat man versucht, herauszufinden, was der Name Jesus für einen Zahlenwert hat, wenn man den Namen griechisch schreibt. Das Ergebnis ist überraschend: Es kommt die Zahl achthundertachtundachtzig heraus.

$$
\begin{array}{rcl}
I & = & 10 \quad \text{(Iota)} \\
H & = & 8 \quad \text{(Eta)} \\
\Sigma & = & 200 \quad \text{(Sigma)} \\
O & = & 70 \quad \text{(Omikron)} \\
Y & = & 400 \quad \text{(Ypsilon)} \\
\Sigma & = & 200 \quad \text{(Sigma)}
\end{array}
$$

HΣOYΣ = 888

Wenn man nun bedenkt, dass die Acht eine Zahl der Freude und des Glücks ist, des Neubeginns und der Auferstehung, dann ergibt die dreifache Acht eine dreifache Steigerung dieser Acht, eine Triade des Heils.

Tausend und Abertausend

Obwohl es Tausendkünstler und den Tausendsassa gibt, übersteigt die Tausend eigentlich das menschliche Maß. Wir überschauen die Einer und die Zehner, hundert Jahre alt wird kaum einmal ein Mensch, die Tausend ist ein Berg, über den wir nicht mehr so recht schauen können. Gott allein kommt die Tausend zu. Deshalb heißt es in Psalm 90:

Tausend Jahre sind in Deinen Augen
dem Gestern gleich, da es verging
wie eine Wache in der Nacht.

Und im 2. Petrusbrief (3,8) wird die Mahnung ausgesprochen:

Eines aber, Geliebte, wollet nicht übersehen:
Beim Herrn sind ein Tag wie tausend Jahre,
und tausend Jahre wie ein Tag.

Die Tausend kommt in unserem Leben höchstens bei unseren Schritten vor. Eine Meile – das sind tausend Schritte (milia passuum). In unseren Briefen schicken wir tausend Grüße, und Catull wollte seine Lesbia noch viel häufiger küssen:

Gib mir tausend und aber hundert Küsse,
dann noch tausend und nochmals hundert Küsse,
noch ein Tausend und wieder hundert Küsse!
Wenn vieltausend von Küssen dann beisammen,
flugs vergessen, getilgt die Summe, dass ja
keiner scheel sie besähe und uns schade,
wenn er sämtlicher Küsse Zahl gefunden!

Die Tausend ist also die Zahl Gottes und die der Liebenden. Dass die Tausend dann doch eine ungeheure Faszination entfaltete und auf ähnliche Weise wie die Zahl Sechshundertsechsundsechzig die Gemüter bewegte, die Fantasie in Gang setzte und Hoffnungen weckte, liegt wieder an einer dunklen Stelle im 20. Kapitel der Johannesoffenbarung.

Schon in der griechisch-lateinischen Antike gab es dunkle Andeutungen von der Wiederkehr einer vergangenen Zeit, eines »Goldenen Zeitalters«, wie es die vierte Ekloge des Vergil besingt. Im sechsten Buch von Vergils Äneis wird eine Vision des greisen Anchises von einer erfüllten Zeit wiedergegeben, in der es heißt:

Alle hier, wenn sie ihr Rad durch tausend Jahre wälzten,
ruft zu Lethes Strom der Gott in mächtiger Heerschar:
denn sie sollen erinnerungslos die obere Wölbung
Wiedersehen, gewillt zurückzukehren in Körper.

Nach dieser Vorstellung kehrt also nach tausend Jahren der Mensch wieder zu einem irdischen Dasein zurück, wenn er dann auch keine Erinnerung mehr an sein früheres Dasein hat.

Das Judentum hat eine Vorstellung von einem goldenen Zeitalter; zu einem tausendjährigen irdischen Gottesreich werden nur die Gerechten (die »Zaddikim«) zum Leben erweckt. Diese Vorstellung jüdischer Apokalyptik ist dann auch in der Johannesoffenbarung in gewandelter Form wieder präsent. Dort heißt es: »Ich sah die Seelen derer, die um des Zeugnisses von Jesus und um des Wortes Gottes willen erschlagen waren, weil sie sich nicht gebeugt hatten vor dem Tiere und seinem Bilde und nicht sein Zeichen auf ihre Stirne und Hand genommen hatten. Sie gelangten zum Leben und zur Herrschaft mit Christus für tausend Jahre. Die übrigen Toten kamen nicht zum Leben, bis die tausend Jahre vollendet waren. Das ist die erste Auferstehung. Selig und heilig, wer an der ersten

Auferstehung teilhat. Über solche hat der zweite Tod keine Gewalt. Sie werden Priester Gottes und Christi sein und tausend Jahre mit ihm herrschen« (20,4-6).

In Zeiten der Drangsal erinnerte man sich im Laufe der Kirchengeschichte an diese Zeilen und schöpfte Kraft daraus. Aber es wurden auch geschichtstheologische Spekulationen angestellt, und es entfaltete sich die Vorstellung einer vorhersehbaren und berechenbaren Folge von geschichtlichen Ereignissen. Der »Chiliasmus« (von griechisch chilia etne = tausend Jahre) erhitzte die Gemüter und verwirrte oft genug die Köpfe. Durch komplizierte Berechnungen hoffte man den Anbruch des tausendjährigen Reiches vorausbestimmen zu können. Noch der Pietismus (Spener und Bengel) war von einem chiliastischen Feuer entzündet und glaubte, genauere Angaben über die Endzeit machen zu können. Graf Zinzendorf, der Gründer der Herrnhutischen Gemeinde, wandte dagegen ein: »Das ist euer Amt nicht, die Zeiten und Stunden zu wissen, die der Vater in seiner eigenen Hand behält.« Und Christus lässt er sprechen: »Ich werde euch bei meiner Zukunft nicht fragen, ob ihr die Perioden habt aufgemessen, ob ihr das Jahr aufgefunden habt, wenn ich komme. Lasst ihr's gut sein. Alle die Sachen haben schon ihren abgemessenen Plan.«

Zweitausendeinhundert

Gibt es Geschichtsrhythmen, Großperioden von Ereignissen, die in gewisser Weise berechnet oder jedenfalls beobachtet werden können? Gibt es parallel laufende historische Ereignisketten, die nach einer Gesetzmäßigkeit abrollen? Schon Heraklit nahm Weltperioden an, die viele tausend Jahre dauern würden, und Plato nahm einen Kreislauf des Geschehens an.

Nach den Berechnungen der Astronomen dauert ein kleines Weltjahr 2100 Jahre. Durch das Vorrücken des Frühlingspunktes der Sonne durch die Tierkreiszeichen, Präzession genannt, verschiebt sich der Schnittpunkt von Äquator und Ekliptik um ein Tierkreiszeichen, weil die Erde eine langsame kreiselförmige Bewegung um die Erdachse macht. Alle 2100 Jahre wird also ein anderes Tierkreiszeichen bestimmend, was die Astrologen dazu brachte, von verschiedenen Zeitaltern zu sprechen. Ein solches »Weltjahr« bringt dann eine charakteristische Kultur herauf, die sich in der Gesamtintention, in ihrer Bewusstheitsstufe, auch in ihrer Religion von der vorherigen Ära deutlich unterscheidet. Die Übergänge werden allerdings nicht als abrupt angesehen, sondern ereignen sich fließend.

So unterscheidet man ein Stierzeitalter, das etwa von 4350 bis 2250 vor Christus gedauert hat, es soll bestimmt gewesen sein von der Sesshaftwerdung, von einer ausgeprägten Anhänglichkeit an das Irdische und einer Neigung zum erdhaft Konkreten. – Dann hätte sich angeschlossen das Widderzeitalter (2250 bis 150 vor Christus), es sei bestimmt gewesen von einer Aufbruchsstimmung und einem drängenden und beweglichen Impuls. Seefahrer und Eroberer drangen in bisher unbekannte Gebiete vor, aber auch die Philosophie der Chinesen, der Inder und Griechen blühte auf. – Von etwa 150 vor Christus bis zur Gegenwart reichte das Fischezeitalter, eine

Ära, die bestimmt war von der Sehnsucht nach dem Göttlichen; der Gedanke der Gottesherrschaft bewegte die Gemüter, das Verlangen nach Friede und Nächstenliebe, der Drang nach dem Grenzenlosen und Jenseitigen wird in der Kunst anschaubar. – Nun stehen wir am Beginn des Wassermannzeitalters, das einerseits bestimmt ist von einem Verlangen nach ausgleichender Brüderlichkeit, andererseits aber eine Ära des Massendaseins ist, was zu Gefahren führt und Grausamkeiten und Kämpfe möglich macht. Der Wirklichkeitsbezug steht obenan, deshalb dominiert die kühle und harte Arbeit des Forschers das Geschehen, wie Alfons Rosenberg diesen Äon gekennzeichnet hat.

Wenn die Grundannahmen astrologisch orientierter Denker stimmen, dann hat die Zahl 2100 eine hohe Bedeutung gerade für uns, weil wir den Umbruch eines Zeitalters erleben und ein neues Weltjahr mit seinen Chancen und Gefahren heraufkommt.

Übrigens: Das »große Jahr«, von dem Plato sprach, dauert sehr viel länger als das kleine, nämlich etwa 26 000 Jahre, weil es einen Durchgang durch alle Tierkreiszeichen bedeutet, also aus zwölf »kleinen Weltjahren« besteht. Aber bei solchen Zahlenangaben haben wir es schwer, sie noch ganz nachvollziehen zu können. Unsere Lebenszeit hat andere Maße, halten wir uns also an den Psalm 90:

Lehr uns, unsere Tage zu zählen,
so können wir zur Weisheit des Herzens gelangen.

Nachwort

Die vielen Zahlen, von denen in diesem Buch die Rede war, sollen unsere Welt nicht zerreißen und zerspalten, sondern sollen sie gerade in ihrer komplizierten Struktur verstehbar machen. Weil es in unserer Welt Entsprechungen gibt, deshalb kann das Einfache ein Licht werfen auf das Schwierige, das Kleine kann das Große verstehbar machen. In der berühmten »Tabula Smaragdina« heißt es: »Was unten, ist gleich dem, was oben ist.« Deshalb haben die mittelalterlichen Philosophen und Theologen gelehrt, dass der Mensch ein Mikrokosmos sei, eine Welt im Kleinen, und dass dieser Mikrokosmos dem Makrokosmos entspreche, der Welt im Großen. Wir beschäftigen uns mit dem Kleinen, versuchen die menschliche Innenwelt kennenzulernen und hoffen doch, dadurch auch den Schlüssel zu finden für größere Zusammenhänge.

Die ersten Zahlen der Zahlenreihe sind die größten und inhaltsschwersten; man kommt an kein Ende, wenn man über sie nachdenkt. Die späteren Zahlen sind Kombinationen und Summierungen der ersten Zahlen, ihr Geheimnis wird oft erst erkennbar, wenn man ihre Wurzeln oder ihre Quersumme zieht. Im Grunde haben wir Verlangen nach dem Allereinfachsten und Elementarsten, nach der Vier und der Drei und der Zwei und der Eins. Wenn wir deren Geheimnisse erfasst haben, haben wir das Geheimnis der Welt erfasst, wie es Pythagoras geglaubt hat.

Am Schöpfungsmorgen war die Welt sehr einfach, dann entfalteten sich ihr Reichtum und ihre Fülle, sie wurde komplexer und differenzierter. Irgendwann ist die Divergenz, das Auseinanderfalten, zum Höhepunkt gekommen, dann muss alles wieder zu einer Konvergenz hin tendieren. Vom Punkt Alpha, dem Anfangspunkt, kommt alles her, zum Punkt Omega läuft alles hin, so hat es Teilhard de Chardin gesehen. Ähnlich könnte man auch von den Zahlen sagen: Alles kommt aus der Eins, läuft ins Uferlose, um dann wieder zur Eins zurückzukehren.

»Das Größte ist das, welchem nichts als Gegensatz gegenübersteht und wo auch das Kleinste das Größte ist«, so hat es Nikolaus Cusanus gelehrt. Die ideale Form und der Inbegriff des Vollkommenen ist der Kreis und die Kugel. »Von allen Gestalten ist die runde die einfachste und vollendetste, welche in einem Punkt ruht«, heißt es bei Plato, und Majer, ein Esoteriker des 17. Jahrhunderts, sagt: »Der Kreis ist ein Symbol der Ewigkeit oder ein unteilbarer Punkt.« Zu diesem Kreispunkt der Vollendung tendiert alles hin.

Seltsamerweise hat die Ziffer Null, die keinen Zahlenwert hat, eine dem Kreis angenäherte Form. Vielleicht hat auch das eine hintergründige symbolische Bedeutung. Schon das alte Indien hat die Null gekannt und hat sie »schunya« – das bedeutet »Leere« – genannt. Die arabische Bezeichnung war »sifr«, daraus hat sich nicht nur unsere »Ziffer« gebildet, sondern auch »Chiffre«, das geheime Erkennungszeichen. Unsere Bezeichnung »Null« kommt aus dem Lateinischen: »nulla figura« bedeutet: »kein Zeichen«, eigentlich: kein eigener Wert.

Wollen wir hinter die Eins zurück, so kommen wir zur Null, was aber nicht einfach nur das Nichts bedeuten muss, sondern auch die Möglichkeit anzeigen kann: Die Leere kann etwas aufnehmen, das Leben kann erscheinen, das Sein kann zum Licht kommen.

Nun aber ist Welt da, ist Schöpfung ins Dasein getreten. Gott ist nicht bei der Möglichkeit stehengeblieben, sondern hat die Eins und die Vielzahl in die Wirklichkeit gerufen. Und wenn wir der biblischen Botschaft vertrauen, dann gehen wir von dem Glauben aus, dass die Schöpfung nicht ins Nichts fällt, sondern eine Vollendungsgestalt bekommt, ins »Ein und Alles« Gottes eingeht. Das Ende der Zahlen ist nicht das unendliche Weitergehen, sondern die Rückkehr zum Ausgangspunkt der Liebe. Novalis nämlich hat gesagt:

> Die Liebe ist der Endzweck der Weltgeschichte –
> das Unum des Universums.

Literaturverzeichnis

Aurelius Augustinus, *Confessiones / Bekenntnisse*, München 1955

Aurelius Augustinus, *Ausgewählte Briefe*, Band I, München o. J.

Arnulf H. Baumann, *Was jeder vom Judentum wissen muss*, Gütersloh 1983

Hanns Bächtold-Stäubli / Eduard Hoffmann-Krayer, H*andwörterbuch des deutschen Aberglaubens*, Berlin 1987

Hedwig von Beit, *Symbolik des Märchens*, Bern 19755

Ernst Bindel, *Die geistigen Grundlagen der Zahlen. Die Zahl im Spiegel der Kulturen. Elemente einer spirituellen Geometrie und Arithmetik*, Frankfurt 1983

Johannes Boite / Georg Polivka, *Anmerkungen zu den Kinder- und Hausmärchen der Brüder Grimm*, Hildesheim 1963

Emma Brunner-Traut (Hg.), *Die fünf großen Weltreligionen*, Freiburg 1974

Luciano De Crescenzo, *Geschichte der griechischen Philosophie. Die Vorsokratiker*, Zürich 1985

Edward Conze, *Der Buddhismus. Wesen und Entwicklung*, Stuttgart 1953

Keith Ellis, *Magie der Zahl. Ihre Rolle in Natur, Kunst und Alltag*, München 1979

Franz Carl Endres / Annemarie Schimmel, D*as Mysterium der Zahl. Zahlensymbolik im Kulturvergleich*, Köln 1984

Dorothea Forstner, *Die Welt der Symbole*, Innsbruck 1961

Marie-Louise von Franz, *Zahl und Zeit. Psychologische Überlegungen zu einer Annäherung von Tiefenpsychologie und Physik*, Stuttgart 1970

Marie-Louise von Franz, *Zeit. Strömen und Stille*, Frankfurt 1981

Marie-Louise von Franz, *Psychologische Märcheninterpretation. Eine Einführung*, München 1986

H. Freydank / W. F. Reineke / M. Schetelich / Th. Thilo, W*örterbuch zur Kultur und Kunst des Alten Orients (Ägypten, Vorderasien, Indien, Ostasien)*, Hanau o. J.

Klaus Gamber, *Das Geheimnis der sieben Sterne. Zur Symbolik der Apokalypse*, Regensburg 1987

Jacob und Wilhelm Grimm (Hg.), *Deutsches Wörterbuch*, München 1984

Johann Wolfgang Goethe, *West-östlicher Divan*, Zürich 1952

Hesiod, *Sämtliche Werke*, Bremen 1984

Leo Hirsch, *Jüdische Glaubenswelt*, Basel 1978

Stuart Holroyd, *Zaubersprüche und Zahlenmagie*, Frankfurt 1978

Georges Ifrah, *Universalgeschichte der Zahlen*, Frankfurt 19872

Johannes Irmscher (Hg.), *Lexikon der Antike*, Bindlach 19867

Carl Gustav Jung, *Die Archetypen und das kollektive Unbewusste*, Bd. 9/1 der Gesammelten Werke, Olten 19762

Carl Gustav Jung, *Grundwerk*, Bd. 4, Olten 19872

Rudolf Kassner, *Zahl und Gesicht*, Frankfurt 1979

Hans Kayser, *Die Harmonie der Welt*, in: Eranos-Jahrbuch 1958 (Bd. XXVII), Zürich 1959

Hermann Kirchhoff, *Urbilder des Glaubens. Haus, Garten, Labyrinth, Höhle*, München 1988

Hugo Kükelhaus, *Zahlwort und Ziffer. Eine Kulturgeschichte der Zahl*, Göttingen 1958

W. Lietzmann, *Lustiges und Merkwürdiges von Zahlen und Formen*, Göttingen 1958

Manfred Lurker, *Wörterbuch der Symbolik*, Stuttgart 1985

Manfred Lurker, *Wörterbuch biblischer Bilder und Symbole*, München 19873

Alfons Kirchgässner, *Die mächtigen Zeichen. Ursprünge, Formen und Gesetze des Kultes*, Freiburg 1959

Jaap Mansfeld (Hg.), *Die Vorsokratiker I*, Stuttgart 1983

Karl Menninger, *Ali Baba und die 39 Kamele. Ergötzliche Geschichten von Zahlen und Menschen*, Göttingen 19588

Karl Menninger, *Zahlwort und Ziffer. Eine Kulturgeschichte der Zahl*, Göttingen 1958

Gustav Mensching, *Die Weltreligionen*, Wiesbaden o. J.

Waldemar Molinski (Hg.), *Die vielen Wege zum Heil. Heilsanspruch und Heilsbedeutung nichtchristlicher Religionen*, München 1969

Bruno Moser, *Bilder, Zeichen und Gebärden. Die Welt der Symbole*, München 1986

Kurt Ranke (Hg.), *Enzyklopädie des Märchens. Handwörterbuch zur historischen und vergleichenden Erzählforschung*, Berlin 1975ff.

Robert von Ranke-Graves, *Die weiße Göttin. Sprache des Mythos* (re 416), Reinbek 1985

Robert von Ranke-Graves, *Griechische Mythologie. Quellen und Deutung* (re 404), Reinbek 1987

Eberhard Reichmann, *Die Herrschaft der Zahl. Dichtung und Erkenntnis*, Stuttgart 1968

Ingrid Riedel, *Bilder in Therapie, Kunst und Religion*, Stuttgart 1988

Ingrid Riedel, *Formen. Kreis, Kreuz, Dreieck, Quadrat, Spirale*, Stuttgart 1985

Fritz Riemann, *Lebenshilfe Astrologie. Gedanken und Erfahrungen*, München 1976

Margarete Riemschneider, *Von 0 bis 1001. Das Geheimnis der numinosen Zahl*, München 1966

Lutz Röhrich, *Lexikon der sprichwörtlichen Redensarten*, Bd. I und II, Freiburg 1973

Alfons Rosenberg, *Christliche Bildmeditation*, München 1975

Alfons Rosenberg, *Durchbruch zur Zukunft. Der Mensch im Wassermann-Zeitalter*, Bietigheim 1971

Alfons Rosenberg, *Zeichen am Himmel. Das Weltbild der Astrologie*, Zürich 1949

Thomas Ring, *Das Lebewesen im Rhythmus des Weltraums*, Stuttgart 1939

Thomas Ring, *Existenz und Wesen in kosmologischer Sicht*, Freiburg 1975

Thomas Ring, *Astrologische Menschenkunde*, Freiburg 1969

Friedrich Rückert, *Am Abend zu lesen*, Freiburg 1978

Gershom Scholem, Von *der mystischen Gestalt der Gottheit. Studien zu Grundbegriffen der Kabbala*, Frankfurt 1977

Gershom Scholem, *Zur Kabbala und ihrer Symbolik*, Frankfurt 1973

Gershom Scholem, *Die jüdische Mystik in ihren Hauptströmungen*, Frankfurt 1980

Julius Schwabe, *Archetyp und Tierkreis. Grundlinien einer kosmischen Symbolik und Mythologie*, Basel 1951

Wolfram von den Steinen, *Der Kosmos des Mittelalters*, Bern 1959

A. J. Storfer, *Wörter und ihre Schicksale*, Zürich 1981

Wolfgang Teichert, *Gärten. Paradiesische Kulturen*, Stuttgart 1986

Valentin Tomberg, *Schlüssel zum Geheimnis der Welt. Meditationsübungen zum Tarot*, Freiburg 1987

Vergil, *Hirtengedichte*, Frankfurt 1958

Gerhard Voss, *Astrologie christlich*, Regensburg 1980

Jutta Voss, Das *Schwarzmond-Tabu. Die kulturelle Bedeutung des weiblichen Zyklus*, Stuttgart 1988

Angela Waiblinger, *Dornröschen. Auch des Vaters liebste Tochter wandelt sich zur Frau*, Stuttgart 1988

Hans Waldenfels (Hg.), *Lexikon der Religionen*, Freiburg 1987

Friedrich Weinreb, *Zahl, Zeichen, Wort. Das symbolische Universum der Bibelsprache*, Reinbek 1978

Friedrich Weinreb, *Buchstaben des Lebens. Nach jüdischer Überlieferung*, Freiburg 1979

Ernst von Xylander, *Lehrgang der Astrologie*, Bern 197